新 潮 文 庫

心は孤独な数学者

藤 原 正 彦 著

新 潮 社 版

6599

目次

流れる星の下で

安野光雅

心は孤独な数学者

神の声を求めて

―アイザック・ニュートン―

アイザック・ニュートン

Isaac Newton
1642-1727

九月中旬、久し振りに訪れたケンブリッジの朝は静かだった。大学は十月にならないと始まらない。中世の残映を濃く留める街並を、一歩一歩味わうように歩いた。

あらかじめ決められた時刻に、トリニティ・コレッジの受付を訪れた。イギリスの他の大学とは違い、ケンブリッジとオックスフォードの両大学は、コレッジ制をとっている。学生は必ず三十ほどあるコレッジのいずれかに所属し、ほとんどの教官もまたどこかのコレッジのフェロー（専属教官）となっている。コレッジは学生にとって生活や社交の場であるばかりでなく、大学教育の主軸をなす個人教授、スーパービジョン（オックスフォードではテュートリアル）もコレッジ所属のフェローによりここでなされる。大学の施設を利用するのは、講義を聴く時と入学式卒業式くらいのものである。

両大学は昔から、きめ細かい教育という点で理想に近いこのコレッジ制度をとっている。効率主義を旗印とするサッチャー政権が、世界で最もぜいたくな教育と決めつけ、廃止に動いたが、伝統がすべての切り札となるイギリスではどうにもならなかったのである。

トリニティ・コレッジは、ケンブリッジ大学の幾多のコレッジのうちで、最大かつ最高と自他ともに認める名門である。自然科学者ではニュートン、マクスウェル、レーリー卿《きょう》、ブラッグ、詩人ではバイロン、テニソン、哲学者ではフランシス・ベーコン、バートランド・ラッセルなどを輩出した所である。

私はここで、ニュートン関係の資料を見せてもらうことになっていた。受付のポーターは、友人でこのコレッジのフェローであるウィルソン博士から、私が訪れる旨《むね》の連絡を受けていた。実はウィルソン博士が案内役をすることになっていたのが、前日に長男が誕生し、すっかり予定が狂ってしまったのである。代役は急遽《きゅうきょ》、もう一人の友人、ベーカー教授がしてくれることになった。

ケンブリッジにいた頃、私達夫婦を何度かコレッジでのディナーに招待してくれたベーカー教授は、尊敬するニュートンと同じコレッジに所属していることを、何よりの誇りとしている。ただ、トリニティに用がある時は、年上でありフィールズ賞受賞者の彼より、つい年下のウィルソン博士の方に物事を頼んでしまう。

ベーカー教授は独身のため、コレッジ内の、数千坪もある中庭グレートコートを見下ろす部屋に居住している。この辺りは何もかも、ニュートンのいた頃のままである。

ポーターが電話を入れたが返答がない。几帳面《きちようめん》な彼にうっかりは考えられぬと、そのまま受付を出ると、グレートコートの向うの隅に、教授が立って待っていた。

相好を崩した彼は、私を自室に招き入れてから、レン・ライブラリーへと案内してくれた。丸柱により宙に浮いた格好の、この美しい図書館は、ニュートン時代の建築家で、セント・ポール寺院の設計でも有名な、クリストファー・レンによるものである。

中に入ると、白を基調とした高い天井の下、左右の壁面に年代ものの木製書架が並んでいる。女性館員がカーテンのかかっている一画を開くと、ニュートンの蔵書が現れた。革表紙に金文字の書物が、幅も高さも三メートルほどの書架を埋めていた。貴重本として公開されていないらしい。

私が手を触れるのをためらっていると、ベーカー教授が一冊を抜き取りページをめくった。ラテン語で書かれている、ということしか私には分らなかった。教授に「何の本ですか」と尋ねると、彼は数行ほど追ってから、「神学の本らしい」と言った。教授の年代までは、ケンブリッジ大学の入試にラテン語かギリシア語が必修だったから、どうにか読めるのである。ケンブリッジでも、五十歳以下の教官ではこうはいかない。

ニュートンからフックに宛《あ》てた手紙や、ニュートンの手稿をいくつか見せてもらった。綴《つづ》りは現代と少しずつ異なるが、英語だったので意味はとれた。あちらこちらにあるtの字の横棒がいつも省かれているのを指摘したら、ベーカー教授も不思議そうだった。「ニュートンは怠け者だったのですね」と言ったら、教授は「ニュートンは怠け者だった」と言ってから破顔一笑し、よほどおかしかったのか、もう一度復唱してから今度は館内に響く声で笑った。ニュートンは、仕事に打ち込み過ぎて身体をこわしたり、また集中のあまり、ゆで卵を作るつもりで懐中時計を煮てしまうといった、逸話にこと欠かない人なのである。

*

　アイザック・ニュートンは、一六四二年のクリスマスの夜、ケンブリッジ北方八十キロのウールズソープ村で生まれた。一クォート（一・一三リットル）の木桶に入るほどの未熟児だった。自営農の父親は三ヶ月前に死亡していた。階級としては中の上くらいのジェントリー出身で、聡明で聞こえた母親のハナは、半年間の結婚生活を送っただけで、乳呑子を抱えたまま未亡人となったのである。

　ニュートンの生まれた一六四二年は、力学の基礎作りに貢献したガリレオ・ガリレイの死んだ年である。またこの五年前に『方法叙説』を著し座標幾何学を創始したデカルトは、オランダに移住し、ファルツ侯王女エリザベートの庇護の下で、『哲学原理』を執筆中だった。

　なおファルツ侯は、もともとハイデルベルグ付近の領主に過ぎなかったが、イギリスでスチュワート朝を始めたジェームズ一世の王女と結婚したことから、波瀾の人生を送ることになった。一六一九年に、ボヘミヤ（今のチェコ）のプロテスタントによりボヘミヤ国王にまつりあげられ、ヨーロッパ大戦とも言える三十年戦争の幕開け戦を、カトリックの神聖ローマ帝国との間で始めたのである。ところが頼みの義父ジェームズ一世は介入してくれず、ドイツのプロテスタント諸侯も援軍を送ってくれず、一年後には大敗北を喫し、プラハを逃げ出したのである。

なおこの闘いに、カトリック軍の兵卒として従軍していたデカルトは、戦勝者としてプラハに入城しているのである。命からがらプラハを脱出したファルツ侯の王女エリザベートは、まだ一歳だった。またこの時プラハ天文台には、四十九歳のケプラーが、戦火も知らぬ気に天体観測を続けていた。

このエリザベートは後にデカルトのパトロン、その兄のファルツ伯はスピノザの、そして妹のゾフィーはハノーヴァー公妃としてライプニッツのパトロンとなるなど、学術上重要な役割を果たすことになる。そればかりではない、ゾフィーの長男はジョージ一世としてイギリスでハノーヴァー王朝を始め、長女シャルロッテはプロシア王妃となるなど、ファルツ侯一家は、ヨーロッパ史上でも重要な一族なのである。

またニュートンの生まれる三年前には、十六歳のパスカルが、『円錐《えんすい》曲線試論』を著し、神童の名を欲しいままにしていた。ライプニッツは四年後に生まれることになる。レンブラントの「夜警」がニュートン誕生の年に描かれている。

一方イギリス国内では、ピューリタン（清教徒）革命の内乱がこの年に始まり、国を王党派と議会派に二分する混乱が数年間続くことになる。ジェームズ一世およびその息子チャールズ一世の、王権神授説を盾にした権力濫用《らんよう》に、国民が怒ったのである。表面的にはイギリス国教会対ピューリタンだったが、王党派は貴族の、議会派はジェントリーを中心とする新興市民層の利害を代表していた。

ケンブリッジ選出の国会議員オリバー・クロムウェルが、議会派の主導権を掌握すると、戦況は一変した。クロムウェルは自らの鉄騎隊を率い、ネーズビーの戦いで王党軍を壊滅させ、一六四九年にはチャールズ一世の首をはねてしまう。イギリス史上ただ一度の国王処刑であった。

ウールズソープ村のあるリンカーンシャー郡は、クロムウェルの牙城《がじょう》であったが、それでも両派の小競《こぜ》り合いや民家に対する略奪が、ニュートンの周囲に絶えなかった。

殺伐とした状況の中で三歳となったニュートンに、衝撃的な出来事が起こる。母親が、隣村の司祭バーナバス・スミスと再婚することになったのである。そしてなぜか、ニュートンを家に残し、世話を自分の母親に託したのである。

母親が可愛《かわい》い盛りの一粒種を、自発的に置いて行くことはあり得ない。オックスフォード大学出身で、頭のよく回る義父が、何らかの差し迫った理由を挙げて、歓迎できぬ子を置いて来るよう、仕向けたのではないだろうか。

ちょうどこの頃、イギリスでは魔女狩りが吹き荒れていた。魔女摘発に執念を燃やすホプキンスという男などは、一六四四年からの三年間で、二百三十人以上も処刑したのである。特に田舎では、農作物が不作だったり、家畜が死んだりすると、一人暮らしの老女はほうきを持って歩いていたくらいの理由で、魔女にされ火あぶりにされたりしたのである。

義父は、不憫《ふびん》な息子を思って涙する母親に対し、大きな家を祖母一人にまかす危険を醇々《じゅんじゅん》と説き、とうとう諦《あきら》めさせたのではないだろうか。

幼いニュートンは、ほんの二キロ余りしか離れていない教会に住む母親を思慕し続けた。義父はニュートンが母親に会いに訪れるのを喜ばず、会えば亡《な》き父親を文盲の意気地なしと悪《あ》しざまに言うのだった。少年ニュートンにとって、ほんの二キロ、ということ自体が拷問《ごうもん》のようなものだったろう。時折ウールズソープ村の家に顔を出す母親を待ち望む淋《さび》しい毎日だった。

十歳の時に義父が死んだため、母親はウールズソープ村に戻ったが、三人の異父弟妹を連れてのことであり、ニュートンが愛情を独占することはできなかった。

幼少時のニュートンの胸の内は、彼が二十歳の時に雑記帳に記した告白に表れている。そこには暗号代りの速記体で、それまでに犯した五十八の罪が箇条書きされている。その一つに、「義父と母を家もろとも焼き殺してしまうと脅したこと」というのがある。十歳にも足らぬ少年が、このような憎悪《ぞうお》に駆られていたということから、ニュートンの受けた傷の深さが読み取れよう。ハイティーンの頃のラテン語練習帳には、恐怖、不安、卑下、疑惑といった否定的な内容の文例ばかりが目立つそうである。同時代の哲学者ヘンリ・モアによると、ニュートンはいつも憂うつな表情だったそうである。

小学校時代のことは、無口で目立たない少年だったこと以外、ほとんど知られていない。早産による未熟児だったことや、祖母との二人暮らし、ということも影響していたのだろう。提灯《ちょうちん》つきの凧《たこ》を夜空に飛ばして村人を驚かせたとか、器用な手先を生かして、日時計やねずみを動力に用いた小麦精白機などを作ったことは知られている。淋しさを製作に紛らわせていたのだろうが、実験的天才の芽が現れ始めていたとも言える。

せっかく待ち焦《こ》がれた母親が戻ったものの、ゆっくり甘える間もなく、十二歳の時に、十キロ北のグランサムにある、グラマー・スクールに入学することになる。成績が優秀だったという証拠は何もないから、他の理由によるものと思われる。弟妹と折合いが悪かったのかも知れない。

グランサムでは、薬剤師クラークの家に寄寓《きぐう》した。クラーク夫人はニュートンの母親の幼なじみだった。ここで見覚えた薬品の調合や、屋根裏部屋で読んだクラーク所有の化学書は、後の化学実験の基礎になったとも言われる。

クラーク家にいた三歳年少の娘に恋をした、という説も流布《るふ》しているが、眉唾《まゆつば》かも知れない。八十歳を越えていた頃の彼女が、「アイザックは真面目《まじめ》で、静かに物思いに沈んでいることの多い少年でした。私に恋をしましたが結婚には至りませんでした」と伝記作家のインタビューに答えた、というだけでは証拠として弱い。好感は持っていたかも知れないが。私にとってはむしろ前半の方が興味深い。余りにも辛《つら》い経験を通して、ニュートンはすでに暗く内省的で、猜疑心《さいぎしん》の強い人格を形成してしまっていたのだろう。彼は生涯、友人と言える人を持てなかったのである。

終生独身を通したことについては、多くの説がある。この女性を想《おも》い続けた。母親との密着がニュートンを性的にダメにした。家庭を持つだけの経済的余裕がなかった。研究が忙し過ぎた。はてはホモだったという説まである。どの一つをとっても、これといった証拠はないし、説得力を持つようにも思えない。

私にとっては、ケンブリッジのコレッジにおいて、ほぼ二世紀後の一八八二年までフェローの結婚は許されていなかった、という事実だけで充分である。なお、その後現在に至るも、既婚者のコレッジ内居住は不可であるため、フェローの終生独身や晩婚は今でもよく見られる。ちなみに先ほどのウィルソン博士は四十歳近くで結婚したし、ベーカー教授は五十七歳でまだ独身である。ニュートンの終生独身は、ケンブリッジという場所を考えれば、ほとんどいかなる問題も提起していないと思われる。

学校での主要科目はラテン語文法であり（このためグラマー・スクールと呼ばれた）、他に英語、歴史、算術などが少々あるだけだった。当時のヨーロッパでは、学術上の著作はほぼすべてラテン語でなされたから、これが基礎教養とされていた。ニュートンが、大学に入るまでほとんど数学や物理を勉強しなかった、というのは発達心理学の立場から興味深い。

十五歳頃になり、やっと学業で頭角を現わし始めたニュートンだったが、十七歳の時に母親の求めでいったん故郷に戻り、母親を助け資産管理を学びながら、農業に従事することになる。ヨーマン（自営農）としてのニュートン家には、父親死亡時に、農場や家屋敷の他、二百三十四匹の羊と四十六頭の牛がいた。これにニュートン家の何倍も豊かだったスミス司祭の遺産も加わったから、母親にとって女手一つの資産管理は、かなり荷の重いことだった。ニュートンは母親を助けるのは当然といさぎよく帰郷した。ところが、羊達が迷わぬよう見張るべきところを、うっかり草上で読書にふけったり、グランサムの市場へ農産物を売りに行く途中、石垣に腰かけてノートに何かを書いている、といった具合でまるで農夫に向かない。

ケンブリッジ大学出身で司祭となっている母方の叔父や、ニュートンの非凡を見抜いたグラマー・スクール校長の強い勧めで、ニュートンは一年足らずのうちにグランサムに戻る。二人は反対する母親をやっとの思いで説得したのである。ニュートンの才能にぞっこん惚《ほ》れこんだ校長は、自宅に下宿するよう申し出た。ニュートンはここで、ケンブリッジ大学への入試準備に取りかかったのである。

国を二分しての内乱、国王チャールズ一世の処刑、共和国創設、クロムウェルの護国卿《きょう》就任、と続いたピューリタン革命による混乱もようやっと治まり、この年一六六〇年、王政復古がなされた。

翌年ニュートンは、十八歳で首尾よくトリニティ・コレッジに入学する。準免費生として、フェローの使い走りや靴磨き、ホールでの給仕などをしながら、勉学を開始したのである。この労働により、授業料や寮費が軽減されたのだが、なぜここまでしなければならなかったのかは不明である。当時、全学生一八〇名のうち、準免費生と免費生は合わせて十三人に過ぎなかった。ニュートン家には学費を送るくらいの財産はあった。当時、母親が農場から得る収入は年に七百ポンドと推定されているからである。三人の子どもをかかえ農場を切り盛りする母親は、成人したニュートンが家に残り、農場を経営することを欲していた。準免費生となったのは、このことと無関係でないように思われる。

田舎のグラマー・スクール出身の準免費生となれば、パブリック・スクール（イートン、ラグビー、ウェストミンスターなど全寮制の私立名門校）出身の毛並みのよい学生達に、コンプレックスを抱いたことであろう。当初はラテン語に代表される古典の学力でも彼等にひけを取っていた。これらのためかニュートンは仲間となかなか打ちとけず友人も余りいなかったらしい。中年になってから、上流階級との交際を好み求めたことには、出自のコンプレックスが底流としてあったかも知れない。

聖職者養成を主目的とした当時のケンブリッジ大学では、主たる教育は神学、古典学、法律学、医学などであり、数学や科学はまだカリキュラムになかった。

大学に入ってから使い始めた哲学ノートを見ると、彼の知的成長をたどることができる。はじめはアリストテレス哲学を中心とした中世的なスコラ学、とりわけ論理学、倫理学、弁論術などを学んだようである。このせいかどうか、後半生における彼の、相手をねじり倒す議論強さは際立《きわだ》っていた。

ニュートンの支出簿を見ると、この頃日用品くらいしか買っていず、かなり質素な暮らしをしていたことが分る。三年後に特待生になると少し余裕ができたのか、磁石一六シリング、プリズム三個三ポンド、王立学会誌七シリングなどといったものが現れる。学業成績の向上とともに自信が生まれ友人もできたのか、トランプで十五シリング損したとか、居酒屋で三シリング払ったとか記されている。また驚くべきことに、学生時代を通して、誰それにいくら貸して利子をいくら取った、などという高利貸しのような記述もいくつかある。先の告白に書かれた罪の一つに「金銭に多大な関心を持ったこと」というのがあるが、このあたりを指しているのだろう。

学年が進むにつれ興味は自然哲学に移り、それと同時に勉学に打ち込むようになる。二年生の時、ケンブリッジで初めての数学講座が、ヘンリー・ルーカスという篤志家《とくしか》の基金によりルーカス講座の名で創設され、数学や光学で名高いアイザック・バローが初代教授として赴任して来たことも大きかった。バローは当代随一のギリシア語学者であると同時に英国国教の高位の聖職者でもあった。

大きな業績を挙げる者は大てい「つき」に恵まれるものである。生まれて初めて会った一流数学者バローの影響で、デカルトの『屈折光学』やボイルの『色についての実験と考察』、ガリレイやケプラーの著作などをむさぼり読むことになる。

哲学ノートに書き始めた「いくつかの哲学的疑問」には、読者としての疑問の他、新しい着想や実験結果なども記されている。なお当時、哲学とは自然哲学、すなわち今の自然科学を意味した。大先達による書を鵜呑《うの》みにするのでなく、すぐに自ら実験や観測を始め検討を加える、というのはすでに常人ではない。そのうえ、この段階で彼は、後に開花する理論の一部を洞察していたのである。

数学については、まず好奇心から買った占星術書を理解するため三角法を、三角法を理解するためユークリッドの『原論』を読んだと言われている。ついでデカルトの『幾何学』やワリスの著書も精読したらしい。すぐに分数ベキの二項展開を発見している。

極端な猛勉により、二年足らずの短期間に、ほとんど独学で科学や数学を身につけたのである。精進が認められ、卒業を前に特待生に選ばれることになる。ただこの選考試験でバロー教授に、ユークリッドの『原論』の理解不足を指摘されたニュートンは、恥じ入って耳たぶまで真赤にしたそうである。自明な定理の羅列と思い、走り読みしかしていなかったニュートンは、これを熟読し、またたく間に当代随一の幾何の使い手となった。この実力があとあとまで物を言う。

ともあれ特待生となったことで、準免費生の義務から解放されたばかりか、コレッジにおける四年間の給費付き研究生活まで保証されたのである。

大学を卒業した一六六五年の夏、大学が臨時閉鎖された。前年からロンドンで猛威をふるっていたペストが、首都の人口の五分の一を殺した後、ついに八十キロを隔てたケンブリッジに届いたのである。

人口が密集し、下水もなく汚物だらけだったロンドンは、パニックに陥っていた。どこかの家で少しでもペストに似た症状の者がでると、玄関ドアは赤ペンキで十字の目印を描かれ、そのうえなんと、家族が外出せぬよう釘付《くぎづ》けまでされたのである。この時のペストの惨状については、有名なサミュエル・ピープスの日記からもうかがえる。「……ウェストミンスターに医師は一人もおらず、薬屋が一人残っているだけで他はみな死んでしまったという」。人々は船や荷車に乗り、競ってロンドンから逃げ出した。ペストがケンブリッジまで達したのは、こんな人々によるものかも知れない。

仕方なく故郷へ戻ったニュートンは、途中の三ケ月間のケンブリッジ滞在を除いて、一年半余りウールズソープ村にいたのである。

ウールズソープ村は農場や牧場ばかりで家はまばらだし、空気も食物も新鮮だから、ペストがここまでやってくる気遣いはなかった。ニュートンは二階の自室で研究に明け暮れた。農業の方は一切手伝わなかった。母親も一切頼まなかった。息子が農夫や羊飼いとして無能なことを、五年前の経験から知っていたこともあるが、天下のトリニティの特待生となったことで、後継ぎとしてのニュートンをやっと諦めたのだろう。そして何より、昼夜を問わず、とりつかれたように考え続け、食事も忘れ何を言っても上の空の息子には、仕事を頼むどころか、語りかけることさえためらわれたのだろう。

晩年この時代を振り返ってニュートンは、「独創の面で生涯最高の時代だった。それ以後のいかなる時代より数学と哲学に打ち込んだ」と語っている。

前年より微分や積分の核心にほぼ到達していたニュートンは、ウールズソープ村に帰省するや、月の運動の解明にとりかかった。半年前にデカルトの『哲学原理』を読んで以来、運動や力に思いをめぐらせていたのである。当時まだ支配的だったアリストテレス的自然哲学では、世界を月より上と下の二領域に分け、それぞれが異なる原理で動いていると考えていた。これに対しデカルトは、どちらの領域にも同じ原理が働いているとして力や運動を論じたのである。

ケプラーが、膨大な観測データの中から発見した不思議な法則は、玉石混淆《こんこう》だったこともあり、未《ま》だ広く信じられていなかった。ニュートンはそのうちの一つ、惑星の周期は軌道中心からの距離の$\frac{3}{2}$乗に比例する、という謎《なぞ》めいた法則に目をつけた。科学がまだ厳密性を備えていなかった当時、学界にはありとあらゆる誤った説が溢《あふ》れていた。ゴミの山から、動物的嗅覚《きゅうかく》によりダイアモンドを取り出すのが、ニュートンの真骨頂だったのである。数ケ月の猛烈な集中の結果、この法則から、引力の強さが距離の二乗に反比例する、すなわち距離が二倍になると引力は$\frac{1}{4}$、三倍になると$\frac{1}{9}$になるということを数学的に証明したのである。

ニュートンはさらに思索を進める。ここで有名なリンゴ神話が生まれるのである。リンゴの木の下で瞑想《めいそう》にふけっていると、ちょうどリンゴが頭に落ちた。この瞬間、地球がリンゴを引っぱる力と、月を引っぱる力が同一であること、すなわち万有引力を発見したという話である。荒唐無稽《こうとうむけい》に違いないこの話が、ニュートン死後、今日まで伝えられているのは、万人に分りやすいということの他、イギリス人好みの筋書きだからであろう。のどかな田園で大発見がなされたというのは、田園を好むイギリス紳士にとって理想的だし、リンゴが頭に落ちてとなると、神がニュートンの頭をノックして啓示を与えたということで、素晴らしいイギリスユーモアにもなっている。

ついでニュートンは、ケンブリッジにいた頃から楽しんでいた光学実験にとりかかった。デカルトの『屈折光学』や、前年に発行されたフックの『ミクログラフィア』を読んで以来、光や色に興味をひかれていた。現代の物理学者は理論家と実験家にはっきり分れている。コロラド大学にいたジョージ・ガモフ博士は「理論物理学者の能力は、デリケートな実験器具を触れただけで壊す能力で計れる」と言ったほどである。手先の器用なニュートンは、実験が大好きという稀《まれ》な理論家だった。

窓の少ない部屋は、黒カーテンを引いただけで暗室のようになった。そこにレンズ、プリズム、鏡、望遠鏡、顕微鏡、種々の形をしたガラス容器などを配し、当時としては最高水準の光学実験室としたのである。ここでプリズム実験をくり返した。板戸に空けた丸い小さな穴から入った一条の光線を、プリズムで屈折させ、向かいの白壁に映すのである。美しいスペクトル（色の帯）ができることも屈折の法則もすでに知られていたが、光や色が何であるかは分っていなかった。

アリストテレス以来、近代光学の祖デカルトに至るまで、純粋な光はもともと白色であり、それが何らかの原因で変容し赤や青などの色が生まれる、と考えられていた。ニュートンは、何枚ものプリズムを巧妙に組み合わせた実験により、赤色光や青色光が先に存在し、これらの混じったものが白色光としたのである。ケンブリッジで得た直観をここで実験により確認すると同時に、スペクトルの幅や長さなどを計測し、数学的に自説を裏付けた。

思弁的に自然現象を考察するのはアリストテレス以来の伝統であり、実験的考察もトリニティの大先輩フランシス・ベーコンなどが提唱していた。これに対し、数学的裏付けを与えることで理論の確実さを高める、というのはニュートンの創始した方法であった。芸術や魔術の一種と考えられていた数学が、科学に役立つことを示したのである。信心深いニュートンにとって、自然は数学の言葉で書かれた聖書であった。

ウールズソープ村に帰省していたこの期間に、二十代前半の青年ニュートンは、何と微積分法、光と色に関する理論、万有引力の法則という、三つの大理論の端緒を発見したのである。ペストによる大学閉鎖が、若き天才を雑務から解放し、孤独の中で研究に没頭するという絶好の機会を絶好の時期に与えたのである。

この驚異の年一六六六年は、ロンドン大火の年でもあった。パン屋から出た火はまたたく間に広がり、狭い道路を囲んでひしめき合っていた木造家屋を総なめにした。六日間燃え続いた火は市域の八割を黒焦《くろこ》げの廃墟《はいきょ》とした。木造建築は大火の後、国王により禁止された。被災者二十万人に対し死者がたったの六人というのは、前年のペストの生き残りだけに、しぶとい者ばかりだったのだろう。

ニュートンは、ウールズソープ村で発見した理論について、おくびにも出さなかった。その後、一部分を口頭や書簡で限られた人々に伝えたが、結局、力学については二十年後になってやっと、『プリンキピア』の中で全容を明らかにした。数学と光学に関しては、なんと三十八年後になって初めて公表した。最高の数学者が初めて数学論文を公表したのは、六十二歳の時だった。

これほど遅れた理由はいろいろあろうが、最も大きな理由は、彼が完全主義者だったということではあるまいか。

例えば力学に関して、地球と月の間の引力を計算する際に、彼はそれぞれをあたかも一点のごとく見なして取り扱っていた。中心に全重量を集めた点として計算したのである。正確には、地球も月も無数の微粒子からできており、これら一つ一つの微粒子が、遠い距離を隔てて引力で引き合っている。その合計が地球と月の間の引力であるのに、ニュートンのように取り扱ってよいかどうかは明らかでない。彼は自分のやり方を、数学的に正当化することができなかったのである。今日では、理工系の大学二年生が十分で解けるものを、ニュートンが十年以上もかかったのは、微積分法の大いなる進歩と言えよう。

不完全だったのはそればかりでない。引力の原因がどうしても分らなかった。自ら発見した微積分についても、その中に現れる極限の概念を明確にできなかった。光学についても、光線が粒子の流れであるという自らの仮説を、充分に納得のいくものにできなかった。彼が不完全と思ったところは、実は最も本質的な部分であった。極限の概念は十九世紀になってやっと整備されたし、光が粒子性と波動性の両方を備えていることは、二十世紀になり、量子力学の登場でやっと解決したものである。引力の原因については、今でも皆目分らない。

むしろ、このように後世の中心課題となる事柄を本質と認識し、それにこだわり、それを明確にしない自分の理論を不完全とみるところが、天才中の天才と言われるゆえんであろう。

そこまでは良心的な天才学者として理解できるが、ニュートンには悪癖があった。自らの論文を公表しないのに、先取権にはこだわるという性向である。他人が同様の内容を論文として発表すると、動転し、ついで攻撃を加えるのである。この癖は一生直らず、ニュートンを何度も先取権争いに巻き込み、消耗させることとなった。

現在では、学会誌事務局に論文が到着した日時により、先取権は判定されるから問題はまず起きない。学会誌の発達していなかった十七世紀には、ニュートン対ライプニッツ、ニュートン対フック、フック対ホイヘンス、フック対ライプニッツ等々、争いが絶えなかった。十七世紀は、科学革命の時代と呼ばれるが、それは同時に、先取権争いの時代でもあった。

ウールズソープから三年後に、メルカトール（地図のメルカトールは一世紀前の別人）が双曲線の面積を見出《みいだ》す方法を発表した時が、先取権執着を示す最初の兆候だった。ニュートンは尊敬するバロー教授に、ウールズソープ村での成果について概略を話していた。驚嘆したバローは、すぐさまニュートンを、特待生からフェローすなわち教官の一員に格上げしたほどであった。

バローからメルカトールの論文を聞かされたニュートンは狼狽《ろうばい》した。それはウールズソープで面倒な計算を何日も続けた末にやっと得た、定積分に関するものだった。天才とは、発見のためとあらば、途方もない量の退屈な計算を平気でやってしまう習性がある。自分の発見を横取りしようとしている、と思った彼は、三年前に得たはるかに一般的な結果を数日間で論文「無限個の項をもつ方程式による解析について」にまとめ上げると、教授に頼んでロンドンのコリンズに送ってもらう。世界で初めての学会誌は、ロンドンとパリで一六六五年に刊行されたばかりで、科学情報の交換はいまだ口頭や手紙が主流だった。数学愛好家のコリンズは、そのような情報交換の斡旋人《あっせんにん》をしながら、中から重要そうなものを選んで出版する、という仕事に携わっていた。

不思議とされるのは、この時ニュートンが、バローに著者を匿名《とくめい》としてくれるよう頼んだことである。著者の独創性に驚いたコリンズから、名前を明かすよう懇願されたバローは、二ケ月後になってやっと本人の許可を得て、こう返信したのである。「著者はニュートン君という、我がコレッジのフェローで、まだ若いが異常とも言える天才なのです」。ニュートンの名がトリニティから外部へ伝わった瞬間であった。

先取権を確保したと思ったニュートンは、出版を勧めるバローやコリンズの言葉に頑として首をたてに振らない。これが後にライプニッツとの争いに巻き込まれる要因となる。この論文が出版されたのは四十二年後、ニュートン六十九歳の時だった。実は六十二歳の時の大著『光学』でも、著者名は伏せられていた。先取権には徹底的にこだわるが、自分の名は出さない、というひねくれた点が不思議なのである。

また一流数学者として売り出し中のライプニッツが自分の微積分に似たものを研究中と知った時、二度にわたって自らの定理を手紙に書いて送った。しかもそれらはライプニッツに分らぬよう暗号で書かれていた。

次のような八十字よりなる奇妙なものだった。

aaaaaa cc d æ eeeeeeeeeeee ff iiiiiii lll nnnnnnnnn oooo qqqq rr ssss ttttttttt vvvvvvvvvvvv x

適当に並べ直すとラテン語の原文が現れるようになっている。日本語に訳すと「流量を含む任意の方程式からその流率を求めることおよびその逆」となる。なおニュートンの言う流率とは現代の微分であり、その逆とは積分のことである。この暗号は、秘密鍵《かぎ》を知らない限り、いかに暗号に造詣《ぞうけい》の深いライプニッツでも解読不可能であったはずである。

先取権確定のため暗号を用いるのは、ガリレイがライバルのケプラーに対してやったし、ホイヘンスが土星の環《わ》を発見した時もしたことで、特異とは言えないが、いかにニュートンがそれにこだわっていたかを示している。

発見しても公表しない。公表しないのに先取権にこだわる。先取権にこだわるのに名前は出したがらない。

この三つは一見したところ不可解だが、私には必ずしもそう思えない。公表しないのは完全主義者のためだろう、と先に述べた。先取権にこだわるのはごく普通である。長期間にわたる努力の結晶を他人にさらわれたら、どんな学者でも黙ってはいまい。学者なら誰でも、他のものはさておき、学問的名声だけは求めるものである。ニュートンが例外とは、とても信じられない。

動機解明が難しいのはただ一つ、名前を出したがらない、というニュートンの一貫した特徴である。

これについては、ニュートンが謙虚で控え目であったため、という説がある。イギリス紳士の典型としたいのだろうが、少なくとも私には信じ難いことである。ライプニッツとの先取権争いにおける、なりふり構わぬ攻撃ぶり、晩年に造幣局長官、王立協会長、ナイトの称号などの名誉を喜んで受けたこと、国会議員に三度出馬したこと、などから著者名を隠すほどの謙虚は出てこない。謙虚である理由としてニュートンの、「もし私がより遠くを見ることができたとすれば、それは私が巨人達の肩に乗ったからである」がよく引用される。この後半は、当時流行《はや》りのごく陳腐な表現だったことが分っている。

反論を恐れたという説も私としてはうなずけない。確かに、二十九歳で反射望遠鏡の発明により王立協会フェロー（FRS）に選ばれた直後、「光と色の理論」を講演した時のフックの手厳しい攻撃は、論争に慣れていなかったニュートンを大いに追い込んだ。ばねに関するフックの法則や細胞の発見で有名なフックは、稀《まれ》に見る科学的直観の持主で、一六六〇年に創設された王立協会の中心メンバーだった。王立協会は毎週一回の会合を持っていたが、そこでの目玉はフックが毎週してみせる実験だった。彼は王立協会のあるグレシャム・コレッジに住んでいたから、フックこそは王立協会そのものだった。真空ポンプや顕微鏡、ユニバーサル・ジョイントを作り、水の氷点を温度計のゼロにしたのもフックである。ボイルの法則も実際は助手だったフックのものと言われる。ただ他人の業績への嫉妬《しっと》が極端に強く、光学や引力についてはニュートン、ぜんまい時計の発明についてはホイヘンスと、相手かまわず先取権争いをくり返したことで知られている。

光に関するニュートン講演に対するフックの批判は、粒子説の弱点を突き、自らの波動説を主張するという、いわば的を射たものだっただけに、ニュートンは悩み、改善のために多大の努力を払うことになった。刊行を目指して改訂を加えていた「光学講義」の出版を当面断念することにさえなった。

フックにはその後も何度か挑まれることになった。しかしその都度、ニュートンの反撃も相当に熾烈《しれつ》なものであった。戦いを嫌ったかも知れないが、恐れたとはとても思えない。いずれにせよ、名を伏せるという奇異な行動を取るほどのものではない。

それに何より、名を伏せたところで、著者は明らかなのである。例えば『光学』を匿名で刊行したが、内容を少しでも読めば、地球上の誰がこんなものを書けるか、一目《いちもく》瞭然《りょうぜん》なのである。

スイスのヨハン・ベルヌイがライプニッツと示し合わせて、ヨーロッパの数学者、特にイギリスの数学者達の能力を計ろうと、彼等がやっと解くことのできた最速降下線の問題を提出したことがある。これは、点Aから点Bへ、球が曲線に沿って摩擦なく滑り落ちる時、最短時間となるのはどんな曲線の場合か、という問題である。五十四歳のニュートンはこれを数時間で解いてしまった。造幣局に勤務しながらも、一瞬のうちに全知力を集中するという、史上匹敵するもののない能力を失っていなかったのである。この解答をニュートンはやはり匿名で発表したが、解答を見たベルヌイは、「あのライオンであることは足跡だけで分る」と言ったそうである。名は伏せても伏せなくても、反論の可能性については同じなのである。

父親というものを知らず、三歳で母親に去られたニュートン少年は、村の小学校からグラマー・スクールを通して、親しい友達もいなかった。孤独が好きだったはずはない。提灯《ちょうちん》つきの凧《たこ》を夜中に上げて騒ぎを起こしたのも、日時計やねずみを利用した精白機など、奇妙なものを作っては見せて歩いたのも、淋《さび》しかったニュートンが、人々の注意を引きたかったのではないか。実際彼は、「村の小魔術師」などと呼ばれたりしたのである。

十歳の時に母親は戻って来たものの、三人の幼い異父弟妹への気がねから、率直に母親の注意を引くこともままならなかったろう。十二歳から下宿したクラーク家でも、夫妻は親身になって面倒をみてくれたが、下宿人であるうえそこには年若い子ども達もいたから、同じ心理が働いたはずである。

自分に注がれる愛情の不足を補うものとして、周囲の注意を引きたいという欲求が人一倍強かった。なのにそれを率直に表現してはいけない。鬱屈《うっくつ》した心理が淋しかった少年の胸に少しずつしみて行ったのだろう。ニュートンの如《ごと》き力量の持主にとって、著作を匿名で発表するというのは、人々の注意を引くための最も率直でない、最も確実な方法である。奇癖は寂寥《せきりよう》の生い立ちに跡をたどれる、と私には思えてならないのである。

バロー教授のコリンズへの手紙を通して、数学会にデビューしたニュートンは、この年二十六歳の若さでルーカス教授となる。チャールズ二世付きの司祭となる三十八歳のバロー教授が、地位を若きニュートンに譲ったのである。論文一つで教授となったのである。バローは陰鬱なニュートンと異なり快活で陽気な人柄だった。ニュートンとは政治的にも宗教的にも違う立場にありながら、ニュートンを正当に評価し惜しみない讃辞《さんじ》や励ましを与えたのだった。ちなみに、現在のルーカス教授は車椅子《いす》の宇宙物理学者ホーキング、その前は量子物理学のディラックである。

ところがニュートンは、義務となっていた週一回の講義、「光学講義」をこなしながら、次第に自然科学から錬金術にのめり込んでいった。トリニティの礼拝堂に接した、小さな木造建物で秘《ひそ》かなる実験を続けた。目的については実験助手にさえ明かさなかった。金属の変換、特に鉄や銅を金や銀に変えることを目的とした錬金術は、当時においても、占星術や妖術《ようじゅつ》と同じカテゴリーに入っていたからである。

当時知識人の間で流行っていた秘密結社「バラ十字会」に関連した書物をニュートンは熟読していた。三十年戦争直前に設立を宣言されたこの会は、会員が誰なのかまったく見えない組織だった。カバラ神秘主義、錬金術、数学の三つを結合することで、自然への深い洞察を得ること、さらには天使を呼び出し神の声を聞くこと、という主旨を謳《うた》っていた。ニュートンの他にライプニッツや化学者のボイルなども影響を受けていたが、どこか中世的で隠微な臭《にお》いのするバラ十字会については、当時でも誰も口を閉ざして語ろうとしなかった。王立協会が、取り扱う対象として宗教を避け実験科学に絞っていたのも、バラ十字的臭いを消すためだったと言われる。

バラ十字運動は、ルネッサンスと科学革命の狭間《はざま》に生まれた啓蒙《けいもう》運動と見ることもできる。この影響を受けたニュートンは、三十年近くも錬金術に凝り、百冊以上の神秘的で難解な書物を、実験で検証しながら解読し、五千項目からなる「化学索引」を作成している。彼の千ページを越える錬金術手稿は、後に造幣局監事としてロンドンに出る時に、注意深く木箱にしまわれた。金貨造りや偽造摘発の責任者として、いかにもふさわしくない、と思ったのだろう。

この手稿が研究対象となったのは新しく、一九三六年の競売で、これを入手して通覧したケインズが、「最後の魔術師」というニュートン像を打ち出してからのことである。錬金術に詳しい者が今ではほとんどいないため、分析には手間取っているようである。ごく最近、万有引力は、微粒子間の相互作用を実験中に観察した時に思い付いた、という新説まで出されている。

ニュートンは錬金術と並行して、聖書を精力的に研究した。特にダニエル書と黙示録を独自の方法で解読し、その預言を歴史上の事件と対応させることで、正しさを証明しようとした。そしてキリスト教会の退廃は、聖書改竄《かいざん》による三位一体論の導入に始まるとした。例えばヨハネ第一書五章の七節と八節、「あかしをするものが三つあります。御霊《みたま》と水と血です。この三つが一つとなるのです」は、五世紀にヒエロニムスがヘブライ語聖書からラテン語訳を作る際、自分の考えで挿入してしまったというのである。

神、聖霊、キリストを同一視する三位一体を信じない、というのは当時も今も異端である。紀元三二五年のニカエア公会議で、神とキリストは同一であること、三八一年のコンスタンティノープル公会議で、三位一体が正統と認められている。英国教会でも同様で、ましてやトリニティ（三位一体）・コレッジに、三位一体を信じないニュートンがいるのは不都合だった。

ニュートンは自分の信条を口外しなかったが、それに忠実であっただけに、一六七五年にケンブリッジを去らねばならぬ瀬戸際《せとぎわ》に立たされた。トリニティでは、フェローは一定期間後に聖職者となることが義務付けられていたのである。この危機は、二年前にトリニティ学長として戻っていたバローが、チャールズ二世へのコネを用い、「ルーカス教授は聖職につくことを免除する」の勅令を出してもらう、という離れ技をやってのけたため回避された。自らも天才であったバローは、ニュートンを、法を変えてでも守るべき歴史的天才と見抜いていたのである。

時折数学や光学に向かう他は、主に錬金術や聖書研究に没頭していたニュートンに、四十一歳の時、大転機が訪れた。ハレー彗星《すいせい》の発見者ハレーが、ケンブリッジにニュートンを訪れたのである。

ハレーはその数ケ月前にロンドンのコーヒーハウスで、フックやレンと流行り始めたコーヒーを飲んでいた。イギリスで初めてのコーヒーハウスがオックスフォードにできたばかりの頃に、オックスフォード大学生だったフックやレンは、コーヒーが大好きだったのである。

コーヒーハウスには男性しか入れなかったが、それぞれに常連がいて、ある店は文人、ある店は法律家という具合だった。店には新聞や雑誌が常備され、情報収集の場でもあり、ここに情報を提供するためにジャーナリズムが生まれたのである。コーヒーハウスの増加は目ざましく、初めてできてから約五十年後の一七〇〇年には、ロンドンだけで二千軒に達していたという。

レンは一六六六年のロンドン大火の後、復興計画の陣頭に立ち、セント・ポール寺院、ケンジントン宮殿、ハンプトンコート宮殿などを手がけていた。フックもモニュメント(大火記念塔)などの設計に奔走していたが、二人とも少しは暇ができたため、科学に戻ったのである。

ここでまだ二十代のハレーがコーヒーを片手に言った。「太陽からの距離の二乗に反比例する力で、太陽に引っぱられる惑星は、必然的に楕円《だえん》軌道を描くだろうか」。レンが「証明した人には栄誉だけでなく賞品もあげるよ」と付け加えると、フックが大風呂《おおぶろ》敷《しき》を広げた。「証明はもうすんでいるが、いろいろな人が試みて失敗してから発表するよ。そうすれば一層高く評価してもらえるから」

ハレーは、この問題だけはニュートンの数学によってしか解決されないと思い、ケンブリッジを訪れたのである。

「引力が距離の二乗に反比例する時、惑星の軌道はどうなるでしょうか」

「楕円だ」

「何故《なぜ》でしょうか」

「前に計算したことがある」

「計算を見せていただけないでしょうか」

意気込んで言うハレーには答えず、ニュートンは所狭しと積まれた書類の山を探し始めた。しばらくあちこちをひっくり返したあと、

「新しく書いて送るよ」

と約束した。

負けず嫌いのニュートンは、これをあの不愉快なフックの挑戦と受け取った。ハレーの訪問は、五年前に母親を失ってから消沈気味だったニュートンを、自然科学に引き戻すための、英国科学界を代表する三人の共謀だったとも言えよう。ニュートンはまんまと乗せられたのである。

生活は急変した。数学、力学、天文学に、伝説的な激しさで打ち込み始めたのである。これからの二年間にわたる極度の精神集中は、若き日のウールズソープ村でのそれに匹敵するものであった。講義時間以外は、自室に閉じこもったまま、いかなるリクリエーションもとらず、研究にふけった。食事を忘れるのも毎度で、秘書がテーブルに置きっ

放しになっている食事を催促して、やっと一口か二口食べるという具合だった。この秘書は、五年間ほどニュートンに仕えたが、その間に彼は一度しか笑わなかったと言う。笑ったのは、ある知人がニュートンに「ユークリッドの幾何学を勉強して何の役に立つのですか」と尋ねた時だったと言う。

ハレーの質問に対しては、三ケ月後に、手紙というより論文ほどの厚さのものを送る。質問に答えるだけでなくケプラーの第三法則まで証明してしまう。この頃になってニュートンは、自分のし始めたことの途轍《とてつ》もない可能性に目を見張った。力学と天文学を一つの体系にするという壮大な研究テーマに全精力を注入したのである。一年半後の一六八六年、「自然哲学の数学的原理」（通称プリンキピア）は完成し、王立協会に提出された。原稿を見たハレーが、「興奮のあまり死んでしまわなかったのはまさに幸運」と言ったほどの内容だった。これは翌年刊行された。仕掛け、気むずかしいニュートンをなだめすかし、面倒な校正の一切を引き受け、刊行費用まで受け持ったハレーの功績は実に大きい。

自然科学の歴史において、『プリンキピア』の出現ほど重大な事件は他にない。アリストテレス、プトレマイオス、コペルニクス、ガリレイ、ケプラー、デカルトと、人類の築き上げてきた力学、物理学、天文学が一変したからである。

基礎工事は終っていた。床材、壁材、屋根材も雑然とではあるが揃《そろ》っていた。青写真は二十年前のウールズソープ村で描かれていた。地球半径を含む新しい天文データも整った。武器となる微積分にも習熟した。機はまさに熟していた。

「ニュートン出《い》でよ」、神風に守られたニュートンは、渾身《こんしん》の力で一気呵成《いっきかせい》に壮麗な宮殿を完成した。人々にとっては、一六八七年のある日突然、宇宙が変ってしまった。天と地が、数学により一体化したのである。

『プリンキピア』を手にした数学者ロピタルは、それが人間の手によるものとは信じられず、「ニュートンは食べたり飲んだり眠ったりするのか。普通の人間のような外観をしているのか」とニュートンを知る人に尋ねたそうである。

ところがまたしてもフックがかみついた。重力も逆二乗則も自分が先に述べたものであり、『プリンキピア』はニュートンの剽窃《ひょうせつ》、と王立協会に原稿が提出されるや、非難したのである。確かにフックは一六八〇年に、ニュートンへの手紙でそれに触れていた。ウールズソープ村での一年半を知らない彼にとっては、当然の物言いなのだろう。稀《まれ》に見る物理的直観の人フックは、『プリンキピア』の枠組を以前から温めていながら、数学的才能の不足というだけの理由で、まとめ上げることができなかったのかも知れない。

フックの物言いを予測したハレーは、フックの功績について序文で触れるよう忠告した。フックにもその程度の功はある、と内心思っていたからである。実際、惑星の軌道運動を、接線方向への直線運動が太陽からの引力で曲げられたもの、と説明したのはフックが初めてだった。数年前にニュートンは、フックからの手紙でこれを知ったのである。

フックは序文で触れてもらえればそれでよいと思っていたのだが、ニュートンはフックが功績を横取りしようとしていると考えた。ニュートンはこの猜疑《さいぎ》に過去の恨みをも重ね、ハレーの親切な忠告を拒否した。と同時にハレーへの手紙に、「哲学におけるあの厚かましく論争好きな女、とつき合うくらいなら、いっそ第三巻の出版を見合せる方がましだ」とさえ書いた。そしてこの手紙の追伸で、フックこそボレリの逆二乗則を横取りした当の本人、と非難したのである。そのうえ原稿の中で「極めて高名なる学者フック」と引用していたものを、ただの「フック」と変えたりもした。

ニュートンの感情的とも言える拒否は、フックの怒りの火に油を注いだ。フックは大学での講義でこう語った。「これら重力に関する性質は、私が何年も前に発見し王立協会で発表したものです。それをニュートン氏は御自身の発見としてご丁寧に出版までなさった」

これを人づてに耳にしたニュートンは興奮してこう口走った。「幾何学も知らないフックにそんなことができるか。なんなら証明させてみろ」

よほど口惜《くや》しかったのか、フックは日記の中でもニュートンの悪口を言い続けた。

「ハレーの所でニュートンに会う。権利を主張したが無駄だった。あいつは利益のためならどんなことでもする奴《やつ》だ」。この頃、十五年ほど一緒に暮らし愛人となっていた姪《めい》のグレイスに死なれたことも、フックの精神状態に響いていたかも知れない。

いかなる天才といえども、無から有を産むことはできない。必ず手本がいる。人間の頭はそのようにできている。人類最高の智者《ちしゃ》ニュートンにおいてもしかりである。微分法ではフェルマー、積分法ではワリス、両者の関係についてはバロー、という手本があった。力学については、運動の三法則のうち、二つはガリレイのものだし、天文学においては、二十二年間にわたる超人的観測と、信じられぬ洞察力により見出《みいだ》された、ケプラーの三法則があった。独立した三分野、数学、力学、天文学のそれぞれにおける諸成果を、完全無欠な有機体として統一したのが『プリンキピア』である。もしフックがそれを剽窃と呼ぶなら、人間の知的生産はすべて剽窃となろう。

ニュートンは大いに憤慨し、再三にわたってすさまじい反撃を加えた。「発見し解決し、すべてをやり遂げた数学者は、つまらぬ計算屋か労働者。発見したふりしかできない者が功績をかっさらう。素晴らしい世の中じゃないか」。なかなかの啖呵《たんか》である。床材や壁材、そして青写真を持っていたからと言って、宮殿を建設したことにはならないのだから、勝敗の帰趨《きすう》は明らかだった。

なお、ニュートンはフックを心底から憎んだのだろう。ニュートンが王立協会長を引き受けたのは、フックが死んだ半年後、フックに批判された『光学』を出版したのはそのまた半年後だった。王立協会にあったフックの肖像画や実験装置は、ニュートンが会長をしていた時代に跡形なく始末されたため、現在では何一つ残っていない。

「創造の人」ニュートンは、『プリンキピア』で燃え尽きた。四十四歳だった。後半生は「栄光の人」として生きた。

刊行の翌年、親カトリック政策を強引に進めようとしたジェームズ二世に国民の不満は募り、議会は国王の女婿《じょせい》であるオランダのオレンジ公ウィリアムに、国王就任を要請する。一万五千のオランダ軍を率いて上陸したウィリアムを迎え撃つ者はなく、ジェームズ二世はカトリック国フランスに亡命し、名誉革命が成功したのである。

ニュートンはその翌年一六八九年に、大学選出の国会議員(ケンブリッジ大学は一九四八年までこの権利を有した)となった。選ばれた理由は、『プリンキピア』の著者ということの他にもある。

二年前にジェームズ二世は、学問とは無関係のあるカトリック僧に学位を与えるよう、ケンブリッジ大学に命令を下した。こうして学位を得たカトリック僧を次々に送り込み、大学をカトリック化しようとする意図は明らかだった。王の命令に反対することの重大さを考慮し、大学は極めて不服ながらも、もう少しで妥協するところまで追いこまれた。そこでニュートンが一喝したため、一転して拒絶に固まったのである。これによりケンブリッジ大学は面目を保ち、国王は大きな失点を加えることとなった。この時に示されたニュートンの、生命の危険をかえりみない毅然《きぜん》とした態度が、評価されたのであった。

ニュートンの出席した国会は、名誉革命後はじめての国会であり、『権利章典』を制定することになる重要なものだった。なおこの国会で、英国国教、カトリック以外のキリスト教徒にも信仰が認められたが、これがニュートンの出席と関係あったかは分らない。国会では一度も演壇に立たなかった。「風が吹きこむからあの窓を閉めてくれ」と衛士に言ったのが唯一《ゆいいつ》の発言という伝説は、イギリスユーモアであろう。

周囲の予想とは反対に、ニュートンはロンドン生活を気に入った。二十歳近く年下のハリファックス伯とは、伯がケンブリッジの学生だった頃からの知己だったが、彼を通して哲学者のジョン・ロック、神学者のベントリー、日記作家のピープスなどと知り合った。僧院の如《ごと》きケンブリッジに比べ、大火後の都市計画により、レンガ造りの街並が完成したばかりのロンドンは、田舎者ニュートンにとって目映《まばゆ》いものだった。そこにひしめく野心家達でさえ、新鮮に映ったのである。

国会議員の任期を終えた後、引き続きロンドンに住むことも考えたが、就職運動はうまく行かなかった。ケンブリッジで神学研究をしながら、ロンドンからの就職口の報を待つことになった。自尊心の強いニュートンが、下げたくない頭を下げて回ったのに、一年たってもなしのつぶてだった。

満五十歳になった頃、強度の鬱病《うつびょう》にかかった。ロック宛《あ》ての手紙にはこう記されている。

「あなたが私を女性との関係に巻き込もうとしている、と信じていました。そのためある人が、あなたの病気は治るまいと言った時、あんな奴はくたばってしまえと言ってしまいました。どうかこの冷酷をお許し下さい。あなたが私に官職を売ろうとしている、などと言ったこともお許し下さい」

猜疑や幻想に悩まされていたようである。またピープスにはこう書いた。

「私は錯乱に悩まされています。ここ十二ケ月ほどほとんど食わず眠らずで、以前の精神力を失っております。あなたとの交友を断念し、またどの友人とも今後会ってはならないと承知しております」

ニュートンの不調は、ヨーロッパ中の数学者の耳に入り、周りの人達が本人を部屋に閉じこめた、とまで伝えられた。

この精神錯乱の原因については、大作を完成させた後の消耗と虚脱、とされているようである。最近では、長年の錬金術実験による水銀中毒説もある。ただ遺髪から大量の水銀が検出された、というだけでは説得力に欠けよう。水銀中毒なら長く続くはずなのに、ニュートンの場合は一年余りで立ち直ったからである。

諸説ある中で、ちょうど異常の始まった頃に起きた、若きスイス人数学者ファシオとの関係破綻《はたん》に注目する人もいる。二十二歳年少のこの有能な若者に、ニュートンは他に見られない親愛の情をかけていたからである。ファシオが長期間患《わずら》った時などは、自分が金銭的面倒を見るからケンブリッジで一緒に住もう、と手紙に書いたことさえある。ケンブリッジに今日まで残る伝統、プラトニックな同性愛を考えると、時期的な一致もあり原因の一つかも知れない。

なおニュートンの女性嫌いは確かと思われる。尼僧《にそう》について下品な冗談を言ったということで、それまで親しかったイタリア人の化学教授と絶交したことがある。ハレーへの手紙の中で、フックを「厚かましく論争好きな女」という表現でけなしていた。またロックへの手紙では、「私を女性との関係に巻き込もうとしている」と相手を非難している。私なら非難するより感謝するところなのだが。

これまでに挙げられてきたこれら原因は、主因というより誘因に見える。主因は数学者の世界でしばしば見られる、更年期障害ではないだろうか。若い頃より真理の探究こそ至上の価値と信じ、一心不乱に研究してきた者が、五十代になってかかりやすい、一過性の精神不調である。

この年齢になると、仕事が思うように進まなくなる。独創力が落ちるというより、肉体的粘りがきかなくなる。数学の難問を解決するには、何週間も何ケ月間もそれだけに集中しなければならない。目の覚めている間はもちろん、睡眠中でも考え続けるほどでなければ、なかなか本質に迫れない。肉体的粘りは、精神的粘りとほとんど同じものだから、それがきかないとそこそこのところで諦《あきら》めてしまうことになる。そのうえ年齢による諸疾患が現れやすくなる。高血圧、糖尿、コレステロール、心臓、痛風などを気にしていては、長期間にわたるしゃにむの集中はできない。新しいことを勉強しても、記憶力減退のためなかなか身につかない。

数学が若者の学問と呼ばれるのは、このためである。事実、数学史上で、五十歳以降に大発見がなされたことはほぼ皆無と言ってよいのである。

仕事が以前に比べ進まなくなると、まず焦燥感にとらわれ、ついで至上の価値と信じてきたものを産み出せなくなった自分に、嫌悪《けんお》を感ずるようになる。適当に価値観を修正し、後進の育成や公的活動あるいは趣味などに、関心をうまく転換できる人は軽症ですむが、そうでない人は被害妄想にとりつかれたり、些細《ささい》なことに苛立《いらだ》ち、他人を恨んだり攻撃したりする。温厚と思われていた人が突然激昂《げっこう》したり、良識派としてきこえた人が、非常識なことを主張して譲らなかったりするから、周囲は唖然《あぜん》とするのである。

ニュートンの如く、何の趣味もなく、友人もほとんどいず、ただ研究一筋できたまじめ人間は、更年期障害に最もかかりやすいタイプである。そしてその引き金となったのが、全精力をふり絞り大著を成就《じょうじゅ》した後の虚脱、ロンドンで新しい世界を知ったことによる動揺、就職探しがはかどらない不満、親愛の情をかけていたファシオとのもつれ、などだったと私には思われる。

病気を克服したニュートンは、五十三歳の時に、三十五年に及ぶケンブリッジでの学究生活に区切りをつけ、造幣局監事としてロンドンに出た。

ケンブリッジでの教え子で二年前に三十三歳の若さで大蔵大臣となっていたハリファックス伯が、ニュートンの清廉潔白を見こんで推したのである。伯は二年前に、対仏戦争の戦費調達を円滑にするため、世界で初めての中央銀行、イングランド銀行を創設していた。このおかげで国債による長期借入が可能となり、ヨーロッパにおける以後の戦争で、イギリスはいつも先手をとることとなった。伯にとっては、これと並んで貨幣改鋳が焦眉《しょうび》の急だった。流通している銀貨のほとんどは、粗製だったこともあり、一部分が削り取られていたのである。重さが半分や三分の一になっているものなどが多く商取引でのいざこざが絶えなかった。削り取った銀を集めて溶かしたものは、高価で売れたからである。新貨幣への切り換えと、偽造犯や削り取り犯の摘発が、ハリファックス伯のニュートンに依頼した仕事だった。

とは言っても監事は名誉職であり、それまでの監事もそれ以後の監事も仕事は事務官にまかせていた。だからハリファックス伯は、ルーカス教授職とトリニティのフェロー職はそのままにしておくよう忠告した。ところがニュートンは異常に熱心で、容疑者や密告者を取調べ、多くの探偵を放ち情報網を広げた。捕まえた犯人は絞首刑だが、ニュートンはすこぶる厳正かつ熱心にこの責任を果たしたらしい。

三年後には造幣局長官となった。ロンドンのジャーミン街に住居を構え、身の回りの世話は召使いと姪《めい》のキャサリンがした。キャサリンは異父妹の娘である。

彼女の美貌《びぼう》と才智《さいち》はニュートン家を訪れる人々を魅了した。詩人のドライデンや作家のジョナサン・スウィフトも彼女を讃《たた》えている。キャサリンは後にハリファックス伯の愛人となった。詩人のヴォルテールは「ニュートンが高い官職についたのは姪のおかげ」と書いたが、ハリファックス伯がキャサリンと初めて会ったのはニュートンが造幣局監事となった後だし、ニュートンが長官となった時にはハリファックス伯は失脚していたから、説得力は弱い。ただし、ピューリタン的倫理観の持主であるニュートンが両者の関係を認めていたことは、ハリファックス伯死去の際のニュートンの手紙などにも表れており、ニュートンを神格化したい人々を三世紀近く悩ませている。

官僚としての最高給をニュートンは受けるかたわら、六十歳で王立協会長に選ばれ、以後八十四歳で死去するまで二つの地位を保った。富を享受《きょうじゅ》しつつ科学界に君臨したのである。王立協会長として前任者の誰より多くの貴族を会員に迎えたのはニュートンの出自コンプレックスであろう。最後の十七年を暮らしたセント・マーティン街の家のカーテンや椅子《いす》、ベッドなど、調度品はすべて王侯貴族の色とされる深紅だったという。王室をはじめ全国民いや全ヨーロッパから尊敬され、平穏な晩年を送ったのである。生活は質素のままだったからウールズソープ村の土地の他に三万二千ポンドという莫大《ばくだい》な財産を残した。遺書は書かなかったから、土地は父方の親戚《しんせき》に、動産は異父弟妹の八人の子どもに四千ポンドずつ与えられた。

葬式は国家的行事として王達の眠るウェストミンスター寺院で行なわれた。棺は二人の公爵《こうしゃく》、三人の伯爵そして大法官により運ばれた。これを見物したヴォルテールは、「善政を施した王のように葬《ほうむ》られた」と表現した。

墓碑銘として詩人アレキサンダー・ポープによる二行詩が刻まれた。

「自然と自然の法則は夜の闇《やみ》に横たわっていた
神は言い給《たも》うた、『ニュートンあれ』、すべては光の中に現れた」

晩年における汚点は、微積分発見をめぐるライプニッツとの不毛な論争だった。ドイツのライプチヒでニュートンより四年遅れて、哲学教授の息子として生まれたライプニッツは、二十歳で形而上学《けいじじょうがく》の数学化、すなわち現在の数理論理学を構想する処女作を出版している。翌年二十一歳で法学博士を授与された彼は、法学教授の申し出を辞退し、マインツ侯の法律顧問官となる。二十六歳の時から四年間、外交官としてパリに滞在し、フランスの領土拡張願望の矛先をかわすため、ルイ十四世にエジプト遠征を進言するなど、マインツ侯の策士として手腕を発揮する。

一方で、ホイヘンスなどの科学者と知り合い、あっという間に数学の第一線に躍り出る。三十歳の時に、ハノーヴァーのブラウンシュヴァイク侯の宮廷顧問官となり、政治、外交、ブラウンシュヴァイク家の系図作りなどに携わるかたわら、数学、物理学、哲学で多くの論文を著す。また学会誌を作り、それをもとにベルヌイ兄弟やロピタルなどとライプニッツ学派を形成する。

彼の溢《あふ》れるばかりの才能とエネルギーは止《とど》まる所を知らず、ベルリンとペテルブルグで学士院設立に動いたかと思うと、銀山開発を手がけるついでに近代地質学の基礎を築いたり、カトリックとプロテスタントの統一に頑張ったりする。

そんな中で一六八四年に、微積分学の基本定理を発表して一世を風靡《ふうび》する。ニュートンは数学論文を公表していなかったから、大陸ではライプニッツが微積分の創始者となった。

ニュートンは、一六七二年にコリンズへ送った手紙や一六七六年にライプニッツに送った暗号文などで、先取権は確定していると思い冷静だった。ところがニュートン親衛隊の一人、前出のスイス人数学者ファシオがかみついた。ニュートンが最初の発見者、と言うに止まらず、ライプニッツを剽窃者《ひょうせつしゃ》呼ばわりしたのである。

ライプニッツは当初、自分は第二発見者でよいと思っていたのだが、剽窃と聞いて腹を立てた。ニュートンの『力学』を匿名《とくめい》批評した中で、暗にニュートンによる剽窃をほのめかしたのである。ニュートンの弟子キールがこれに対し、「ライプニッツは名称と記法を変えただけ」と応酬した。ライプニッツがニュートンの暗号を解読したとか、彼がロンドンに立ち寄った時、ニュートンによるコリンズ宛ての手紙を見て写し取った、とかの理由だった。

ライプニッツは王立協会に苦情を持ち込んだ。王立協会はすぐさま特別委員会を作り真相究明に乗り出した。翌年、ライプニッツの主張は却下された。当然だった。会長はニュートンで委員は彼の息のかかった者ばかりだったからである。怒り心頭に発したライプニッツは、匿名論説の中で「ニュートンは『プリンキピア』出版の一六八七年になっても高次微分を知らなかった」とまで書いた。ベルヌイが、プリンキピアに見つけた小さな誤りを、ライプニッツに教えあおり立てたのである。ニュートン派がこれに反論し、それに対しライプニッツ派が……。

泥仕合だった。ニュートン派による反撃文の多くは、ニュートン自身の丁寧な検閲の下にあったり、彼の発案だったりした。十数年も続いた論戦は、終《しま》いには国家威信をかけた、手段を選ばぬ中傷合戦にまでなった。

ライプニッツはニュートン誹謗《ひぼう》のビラをヨーロッパ中の数学者に配るし、ニュートンは王立協会にロンドン駐在のすべての外国大公使を集め自分の先取権を力説した。王立協会長とベルリン学士院長という科学界の両巨人、ニュートンとライプニッツまでが争いにどっぷり漬かるという不様だった。

一七一四年に、ライプニッツの主君ブラウンシュヴァイク公はイギリスに渡り、ジョージ一世としてハノーヴァー王朝を開いた。外交ばかりか、系図作りまでして主君を盛り立ててきたライプニッツは、当然ロンドンで新王を補佐できると思った。ニュートンを会長とする王立協会は、王室に対する主導権の思惑《おもわく》もあって、ライプニッツをことさら攻撃した。ライプニッツが新王の参謀とでもなったら何をされるか分らない、と考えたニュートン派は、ライプニッツ来英阻止のためありとあらゆる画策をしたのだろう。新王はライプニッツに、「ハノーヴァーで系図を完成せよ」と冷たい命を下したのだった。「万能の天才」の名を欲しいままにしたライプニッツは、失意のうちに二年後に世を去った。葬式はニュートンとは対照的に、宮廷関係者も官僚も誰一人参列しない淋《さび》しいものだった。ニュートンはライプニッツ死去の翌年にも、ライプニッツ非難の書を刊行した。恐ろしいばかりの執念と言えよう。

日記、書簡などを通した最近の研究によると、微積分はニュートンがウールズソープ村で発見した十年ほど後に、ライプニッツが独立に発見したそうである。ただし発表はライプニッツの方が早いうえ、彼の考案した便利な記号が後々まで使われることになったから、数学史上、二人は共に微積分学の発見者ということになっている。

私に言わせれば、発見者はやはりニュートンである。ライプニッツは基本定理を証明する二年前の一六七三年、ロンドンに二ケ月ほど滞在した折、王立協会書記からほんの断片であろうと、ニュートンの成功について耳に入れているはずだからである。ニュートンが接線や曲率、面積の一般的求め方を見出したということは、前年暮れに数学の情報センターとも言うべきコリンズに本人から手紙で伝えられたばかりでホットニュースだった。

数学の難問を解く場合、誰かが解決に成功したことを耳に入れているかいないかでは、大きな違いがある。難問に立ち向かう際に数学者が当面する恐怖は、「それが誤った命題であったら」と「それがもし手に負えぬほど難し過ぎたら」の二つである。いずれの場合でも、考えることは時間の浪費にしかならない。この恐怖に始終脅《おびや》かされているから、幾度か挫折《ざせつ》すると、攻略を諦め撤退してしまうのである。誰かが成功した、となればこの恐怖はないに等しいから、解決に向けて徹底的に打ち進むことができる。

最近、アンドリュー・ワイルズ教授が三百五十年ぶりにフェルマー予想を解決して騒がれた。彼の偉大さは何と言っても、多くの数学者を潰《つぶ》してきたフェルマー予想のもつ、この二つの恐怖にめげず八年間も戦い続けた勇気、にあると私は見ている。ニュートンの成功を耳にしてからというのでは、たとえ独力で達成したとしても、私なら「あ、そうですか」ですますところである。

ただここで注意すべきは、ニュートンもライプニッツも、最後の一押しをした人間だったということである。微積分成立は、ニュートンの力学やフェルマーの数論の如き、個人プレーによるものではなく、十七世紀という時代精神の産物だったのである。

＊

ケンブリッジでレンタカーを借りた。よく使う大手のレンタカー会社が、市の中心から四キロも離れた田舎にあるのでびっくりした。そこで会ったカナダ人夫妻は、「バスに乗ってレンタカーを借りに来たのはこれが初めて」と言って肩をすくめた。イギリス人は不便に鈍感である。よく言えば不便に耐える力がある。悪く言えば、耐えることを悦《よろこ》びとする自虐《じぎやく》趣味がある。

以前ケンブリッジに一年ほど住んでいたが、ウールズソープ村へ足を伸ばしたことはなかった。懐《なつ》かしい道路を抜け、一時間ほど国道を走った。この辺りは見わたす限り田園である。ノース・ウィザムで脇《わき》の農道に入った。曲がりくねった狭い農道は、舗装を取り去ればニュートン当時のものと思われた。

イギリスの道は、高速道を除きほとんどが曲がりくねっている。ビートルズも「ロング・アンド・ワインディング・ロード」と歌にしたくらいである。個人の自由を尊重し過ぎたせいか、ユーモアのつもりか、あるいはやはり不便に耐える自虐趣味のためかも知れない。

十数軒しかない村の、唯一《ゆいいつ》の教会を訪れた。ニュートンの母親は、ここに住む富める司祭と結婚した。白い石造りの、小村には不釣合なほど立派な教会だった。どっしりした四角柱の塔上、装飾をこらした尖塔《せんとう》がすっと青空に向かって伸びていた。

教会前に住む婦人に話しかけたが、二年前に引越して来たばかりで、何も知らぬ様子だった。目の前の教会とニュートンとの関係に話が及ぶと、目を丸くして、

「私ってすごい所に住んでいるのね」

とうれしそうに言った。

ノース・ウィザムに住み、よい教育を受けているこの婦人でも知らないのだから、この教会のことは数学史の専門家以外にほとんど誰も知らないのだろう。イギリスでは受けた教育レベルについて、英語を聞いただけですぐに大体の見当がつく。ウールズソープ村は観光名所ともなっているが、ノース・ウィザムを訪れる人はいないと見え、会う

人が物珍しそうに私を眺めた。

村一番の物知りを紹介してもらった。この老婦は無論なにもかも知っていて、何の疑いもなく私を狭い居間に通すと、分厚い教会史を持って来た。ニュートンの義父、バーナバス・スミスの名が司祭として載っており、ウールズソープ村のハナ・エイスコフ、すなわちニュートンの母親と結婚し三児をもうけた、と記してあった。この結婚が、司祭六十三歳の時だったこと、しかも前妻の死んだ半年後であったことを発見し、少々驚かされた。

生家のウールズソープ村は、この教会から直線にして二キロ余りである。生家は農家によく見る間口数メートルの木製扉が閉まっていて、午後にならないと開かれないとあった。

そのまま十キロ北方のグランサムに向かった。この地方での中心都市グランサムは、ニュートンの通ったグラマー・スクールのある場所である。サッチャー元首相の出身地でもある。

学校と通りをはさんだ位置にある、ウルフラム教会を訪れた。十二世紀にできた壮麗なこの教会は、ニュートンの心に残るもので、生家の壁にもこれを自身で写生した絵が飾ってあったという。

教会の芝生に腰を下ろして、そばのアイザック・ニュートン・ショッピングセンターで買ったサンドウィッチを食べた。イギリスの食物はすべてまずいことになっているが、固目の長いコッペパンにハム、チーズ、レタスなどをはさんだものを、私は気に入っている。

ここの芝生でニュートンは、一度だけ物凄《ものすご》い喧嘩《けんか》をしたという。入学して一年ほどった頃、小柄で無口な田舎者、スポーツも成績も振るわないニュートンは、いじめの対象となった。グランサムも当時は人口千人に満たない小さな町だったが、ウールズソープ村に比べれば市場としてにぎわっていた。

毎日こづかれ、蹴《け》っ飛ばされるのを我慢していたニュートンが、ついに堪忍袋《かんにんぶくろ》の緒を切り、張本人に殴りかかったのである。皆の見ている前でニュートンは、相手を殴り倒したうえ、その顔を教会の壁にこすりつけた、と伝えられている。

白い教会の壁を眺めながら、相手に非があるとなると、サディスティックに痛めつける、後のニュートンを思い起こしていた。

学校を訪れると、親切な秘書が校内を案内してくれた。ニュートンの頃は建物が一つだけだった。それは石灰岩で造られた小講堂のような建物だった。廊下ですれ違うニュートンの可愛《かわい》い後輩達は、誇りを制服の黒いスーツに包みながら歩いていた。時折エンジ色の背広の生徒がいたが、これは優秀な成績とか品行により表彰された生徒らしい。さすがに階級社会だけに、平等などは気にしないようだ。

ニュートンの頃はこの大部屋に、長椅子《ながいす》と長机が並べられていて、一段高い所から教師達が生徒を監督していたという。構造は今も同じだが、教会の如《ごと》き広い空間は図書館として使用されている。

高いアーチ型天井の黒い木組みが幾何学的で美しい。秘書が窓辺に彫られた、ニュートンの落書きを見せてくれた。この学校では当時から、卒業前に自分の名を校舎のどこかに刻むのが慣わしだったらしく、建物のあちこちに無数の名が読み取れる。I. Newlon とあった。ここでもtの横棒はなかった。床上二メートルほどの高さだから、よじ上ったのだろう。

大喧嘩のあと、ニュートンは自信を持ったらしく、一人前にいたずらをするようになったばかりか、成績もぐいぐい上がり始めたらしい。子どもの喧嘩は止めない方がよいのかも知れない。

ニュートンの通った頃には建ってもう一世紀もたっていたこの建物を、鉄筋高層に改築したりせず今も大事に使い続けているのは、イギリス人の偉大さである。

大事にするのは古い建物ばかりでない。ケンブリッジ大学での私の学生は、曾祖父《そう》の作った食卓を今も使っていると誇らし気に言ったし、大学自身にも古い慣り《しきた》がたくさんあり皆が当然のようにそれに従う。古い慣りに従うことを無上の喜びと感じているようにさえ見える。実際そうなのだろう。トリニティ・コレッジの正式ディナーは、七時半頃に広間に黒ガウンを着て集合し、食前酒を飲みながら会話を交す。八時前に学長を先頭に一列縦隊を作り、中世そのままの食堂へ行進する。学生達が総起立で迎える中、フェローは彼等より二十センチほど高い床上にあるハイテーブルにつく。ドラの音とともに全員起立して、学長によるラテン語の祈りを聞く。暗いローソクの下で二時間ほどかけて食事を終えると、再びドラが鳴って、フェローは行列を作りティールームへ行進する。そこではポルト酒を、必ず右の人からもらい左の人へ渡しながら飲み、銀食器に盛られた果物やチーズを口にする。ニュートンも同じ場所でほぼ同じことをしたはずである。

イギリス人の保守性を考える時、いつも胸をよぎるのは彼等の独創性である。力学(ニュートン)、電磁気学(マクスウェル)、進化論(ダーウィン)はみなイギリス産である。近代経済学(ケインズ)もビートルズもミニスカートもイギリス産である。ジェットエンジンもコンピュータもイギリス産である。

ケンブリッジ大学は戦後だけで三十人以上のノーベル賞受賞者を輩出している。古い伝統を尊ぶ精神が、新しい流行や時流に惑わされることを防ぎ、落ち着いて物事の本質を見つめることを可能にしているのかも知れない。伝統を畏怖《いふ》する精神が、人間に宗教的とも言える謙虚を与え、それが心や目の曇りを取り除くのかも知れない。あるいは古い伝統の中で日常を送ることが、非日常の中で、反動として斬新《ざんしん》への爆発力を産むのかも知れない。

グランサムからウールズソープ村へ戻る途中、生家から一キロほどのコルスターワース教会に立ち寄った。ここはニュートン家の墓のある所であると同時に、一リットルの手桶《ておけ》にすっぽり入りそうな、と言われたほどの未熟児だったニュートンが、生まれて一週間後に幼児洗礼を受けた所である。

墓をめぐったが、史上最重要な人物の父親となることなど想像もせず、結婚後半年で死んだニュートン氏のものは見つからなかった。

ニュートンがいなくとも、いつかは誰かが『プリンキピア』の全内容を発見したはずである。しかし五十年は遅れたであろう。近代文明はもっぱら、ニュートン力学に依存して発達したから、ニュートンがいなければ文明の発達が五十年ほどは遅れたことになる。やや乱暴な推論をすると、世界はいまだ第二次世界大戦直後の状態ということになる。科学の影響とはそういうものである。天才科学者の力とはそういうものである。

コルスターワース教会は、訪れる人もなく、閑静な、四角張った田舎教会だった。喉《のど》が渇いたので、教会のそばの小さな食料品店でジュースを買った。店番をしている娘さ

んは、この教会でニュートンが洗礼を受けたことも、ここにニュートン家の墓があることも知らぬようで、

「そう言えばここがウールズソープ村から一番近い教会だわ」

と声を上げて言った。ニュートンはウェストミンスター寺院の、精緻《せいち》を凝らした彫刻のある墓誌の下で、大理石の棺に眠っているが、母親はノース・ウィザム、父親はコルスターワースと、地元の人にも知られずに眠っている。親とはこんなものなのだろう。

生家は農家らしく、広々とした敷地に囲まれていた。一九四三年からナショナル・トラスト（自然美と史跡保存のための非営利民間組織。貴族などは、所有する土地や館《やかた》をここに寄贈することで相続税が免除されるうえ、そこの一部に住み続けることもできる。今では膨大な不動産を所有し、自然や歴史遺産を保護している）の管理下となり、充分な手入れがなされていた。くすんだベージュ色の、マッチ箱に屋根をかぶせたような、最も平凡な石造り総二階だった。三角屋根の両端に煙突がある。当時のスケッチと比べると、屋根にあった採光窓だけが三つともなくなっている。これは、窓の面積で決まる税金、窓税が導入された時代に塗り込められたのであろう。イギリスの古い家屋には、しばしば塗り込められた窓の跡がある。北緯五十度をこえるうえ天候も悪く、ただでさえ暗い土地柄であることを思うと、窓をなくすというのは電気のない時代にただ事ではない。税金を払うよ

り、暗闇《くらやみ》の中でうごめいている方がまだまし、と考えたのは重税に加えてイギリス人の倹約精神や自虐《じぎゃく》趣味もあったのだろう。

玄関の上部にある、二本の頸骨《けいこつ》を×の字に交差させた紋章は、子どもの頃はなかったものである。後にナイトを授けられた時、家系を調べた彼が、疑わしい根拠に基づいて、この悪趣味の紋章を使い始めたものらしい。ロンドンで華やかな上流階層と交際するようになって、自営農出身であることに引け目を感じ、中上流のものである紋章を自分でデザインし作ったのだろう。

ニュートン自製の日時計も壁にあったのだが、今は王立協会が保管している。ニュートンの書斎は二階にあり、二十畳ほどの広さだが、採光窓が塗り込められているため、暗くむさ苦しかった。今ある窓の一つも塗り込められていたのをナショナル・トラストが開放したという。この時いくつもの落書きが見つかったが、少年ニュートンは鬱積《うっせき》した思いをこんな方法で晴らしていたのかも知れない。ドアの鴨居《かもい》は高さ百七十センチ余り、天井も二メートルほどと、低かった。身長百六十センチのニュートンにとっては充分だったのだろう。この小さな空間が宇宙を捉《とら》えた、と思うと、不思議な気がした。

千坪以上もありそうな芝生の庭には、リンゴの木がいくつかあった。係員の女性に、ニュートンの有名なものはどれかと尋ねると、一本の奇妙によじれた老木を指した。ただし、ニュートンの頭に実を落としたとされる木は、一八二〇年頃に強風のため横倒しになった。この木から接木《つぎき》したものが現在いくつかあり、その一つらしい。私は係員にねだって、赤味がかった青リンゴを一つもいでもらった。引力の地元のせいか、えらくいびつで、つむじ曲がりのリンゴだった。一口かじったが、まずかった。今日では料理用にしか使えぬリンゴだった。

庭を歩きながら、ふと私は、母親の暮らしていたあの教会の美しい尖塔は、ニュートンにとって怨念《おんねん》の尖塔だったろうと思った。後年、トリニティからの追放の危険があったにもかかわらず聖職者になることを拒絶したのも、教会には必ずある十字架や聖人の遺品などを偶像崇拝として斥《しりぞ》けたのも、三位一体論を聖書改竄《かいざん》と決めつけたのも、原点にはいつもこの尖塔があったのではないか。私はリンゴを握りしめながらそう思った。

尖塔が象徴する現状を堕落と見たから、神を求めるニュートンの視線は、人類が堕落する以前の古代へと向かった。聖書や、古代史、錬金術書を組織的に調べたのも、神の真理が比喩《ひゆ》や隠喩を用いてそれらの中に暗号的に表れている、と信じたからである。『プリンキピア』をユークリッドの『原論』に模して書いたのも、自ら開発した微積分を証明に用いず、冗漫を冒してまで古典幾何学に執着したのも、古代の再生を意識していたのではないか。赤から紫まで連続した色の帯を、七色に分類したのも、七つの音階との連想であり、ピタゴラスと同じく「天上の和声」としたかったからである。ニュートンにとって宇宙もまた、尖塔を通さず直接に神の声を聞ける場であった。「神が自ら造った宇宙だから、神の声がその仕組みの中に、美しい調和として在るに違いない」。

この強烈な先入観があったから、宇宙が数学の言葉で書かれている、などという信念をニュートンは持ったのだろう。そして、神の御業《みわざ》を知ることは神に栄光を加えること、と信じ研究に励んだのである。キリスト教の勝利であった。ニュートンに近い内容の数学を和算家達は持っていたが、『プリンキピア』だけは、何百年かかってもとうてい我々の発見し得ないものだった。

聖書では使徒の言葉を通して、史書や錬金術研究では古代や中世の賢人の知恵を通して、自然研究では宇宙の仕組みを通して、ニュートンは神の声を希求しつづけたのだった。「最後の魔術師」ではなく、論理の一貫した人生を送ったのである。幼少のニュートンにとって、母の愛への渇きを癒《いや》すものは、神の声だけだった。長じても、家族や心からの友人に恵まれなかった彼の孤独を癒したのは、神の声だけだったのだろう。

私はすべての始まりであった尖塔を探してみた。二キロほどしか離れていないが、土地の起伏のため見えなかった。私は安堵《あんど》の深呼吸をした。リンゴの木が、束《つか》の間《ま》の秋陽に輝いていていた。

アイルランドの悲劇と栄光

―ウィリアム・ロウアン・ハミルトン―

ウィリアム・R・ハミルトン

William R. Hamilton
1805-1865

ロンドン発ダブリン行きのエアリンガス機が、ウェールズを下に見て、アイリッシュ海に出ると、間もなくアイルランドが見えた。晴れていたらウェールズからでも見えたかも知れない。それほどの近さだった。大国イギリスにこんなに近かったのか、とアイルランドとイギリスの因縁の深さを改めて思った。

大西洋無着陸横断飛行に初めて成功したリンドバーグは、この島を上空から見つけた時の感動をこう記している。

「アイルランドだ。スコットランドにしては野の緑が濃すぎる。山はブルターニュやコーンウォールにしては高すぎる」（佐藤亮一訳『翼よ、あれがパリの灯だ』筑摩書房）

どんよりと低い雲の向うに、イギリスでは見られない山々が、くすんだ緑に沈んでいた。イギリスとは違う国であることを、静かに主張しているかのようだった。着陸態勢に入った機が雲を下に抜けると、一気に緑が鮮かになった。「エメラルドの島」と呼ばれていることを思い出した。

イギリスへ行っても、アイルランドまで足を伸ばす人は少ない。長年イギリスの属国だった所に、大したものはあるまい、イギリス以上のものはあるまい。「ダニーボーイ」、「庭の千草」、ラフカディオ・ハーンそれにケネディ、レーガン両大統領の出身地くらいでは、わざわざ行くこともあるまい、と思ってしまうのである。そのうえ、アイルランド人を揶揄《やゆ》するジョークも、イギリスには数え切れないほどある。

「イギリス人は善良である。犯罪が起きたら犯人は、アイルランド人か外国人かである」

「アイルランド人が駅へ行った。アイルランド人『往復切符を下さい』、駅員『どこまでですか』、アイルランド人『もちろんここまでです』」

「あるアイルランド人が高速道路を運転していると、ラジオ『ただいま高速道路を一台の車が逆走しているのでご注意下さい』、アイルランド人『一台だけだって！　みんなやっているのに』」

こんな差別的ジョークも微妙に影響するのか、イギリス在住の人々でさえ、隣りのアイルランドをなかなか訪れようとしない。私自身、イギリスに住んでいた頃はそんな気持ちでいたのだが、帰国して以来、アイルランドを見なかったことが悔いとして胸にわだかまり、年々それがふくらんでいった。素晴らしいアイルランド人を友達に持ったこともあるし、帰国後に読んだアイルランド史を通し、同情を募らせたこともある。そしてついに、アイルランドの生んだ天才数学者ハミルトンに興味を持った時、この国を見物しようと決心したのだった。

九月初めのダブリンは、日中の気温が十五度くらいで、三十度を越す残暑の東京から来た私にとって、かなりの肌寒さだった。セーターを買い防寒を整えてから、街を歩き回った。アイルランドは第二次大戦中、中立を保ち戦災を免れたから、シックな街並には古い建物もかなり残っていた。

ダブリンで生まれた天才は数学者のハミルトンばかりでない。文芸方面では天才がキラ星の如《ごと》くひしめいている。生まれた順に目ぼしい人物を拾っても、ガリヴァー旅行記のジョナサン・スウィフト（一六六七）、リチャード・シェリダン（一七五一）、オスカー・ワイルド（一八五四）、バーナード・ショー（一八五六）、ウィリアム・イェイツ（一八六五）、ジョン・シング（一八七一）、ジェームズ・ジョイス（一八八二）、サミュエル・ベケット（一九〇六）と続く。これら作家達は、イギリス人と思われがちだが、いずれもアイルランドの誇る文学者なのである。

たった三百五十万ほど、静岡県ほどの人口の小国が、これだけの傑出した文人を輩出したということは尋常ではない。さらにこれら文人がみな、人口五十万ほどのダブリンで生まれたことを考えると、イギリス人が何と言おうと、ダブリンはまさに文学史上の特異点なのである。

これら文学者に思いを馳《は》せながら、十数キロも歩いた。すっきりしない天気や、往来する人々のどこかあかぬけない表情も含めて、イギリスの大きな地方都市に似ていた。ただ道を尋ねながら気付いた一つの違いは、ここの人がイギリス人よりはるかに美しい英語を話すということだった。

アイルランドはもともとケルトの国である。ケルト人はシーザーの『ガリア戦記』にも登場するように、かつてヨーロッパ大陸に広く住んでいた。その頃、彼等の主なる居住域ヨーロッパ中部は未開の地であり、文明の中心にいたギリシア・ローマ人にとって、ケルト人は文字すら持たぬ蛮族だった。時折ローマやアテネに侵入して略奪もしたから、敵でもあった。

ギリシアのストラボンは「ケルトの戦士は好戦的で闘争心が強く、危険をものともしないが、すぐに自慢したがり子供っぽい」と記している。シーザーは「ケルト人は衝動的、感情的、気紛《きまぐ》れ、そしてだまされやすい」と記している。二人の観察は、現代イギリス人がアイルランド人を見る目とやや似ていて、興味深い。

ローマ帝国が強大になるにつれ、ケルト人は追い出されるように、北海道ほどの面積を持つこの島へやって来た。紀元前二世紀には、この島の主勢力となっていたという。その後、一世紀のローマ軍や八世紀のヴァイキングの襲来は、持前の勇猛さでどうにか撃退したものの、十二世紀に侵入したノルマン・イギリスには国土の過半を征服され、かなりの混血もなされたという。

その後もイギリス支配は断続的に続いたから、ケルト国家とは言え、アングロ・サクソンの血も相当に入っている。それにイギリス自身、アングロ・サクソンとは言え、国内にウェールズやスコットランドなどケルト系を抱え混血してきたから、姿形からイギリス人とアイルランド人を識別するのは難しい。

姿形は識別しにくいと言ったが、他の点でも同じという訳ではない。それは下町の古いキャフェ、ビューリーズに入るやすぐに納得した。この由緒《ゆいしょ》あるキャフェは、黒制服に白エプロンのウェイトレス、高い天井にアールデコ調のテーブルなどの古風なたたずまいとは裏腹に、陽気に談笑する人々の喧騒《けんそう》で満ち溢《あふ》れていた。隣りの見知らぬ人へ気軽に話しかける者さえいる。こんな雰囲気のキャフェに、イギリスでお目にかかったことはなかった。黒いコーヒーを飲みながら、大分違うぞ、と思った。

自然美で名高い西部を見ようと、翌朝レンタカーで、アイルランド第三の都市ゴールウェイを目指した。日本やイギリスと同じく左側通行なのはありがたいが、幹線というのに高速道路とはほど遠く、片道一車線の田舎道が延々と続いている。道路は空《す》いていて、数分に一台の追い越しをする度胸さえあれば、平均八十キロは出せる。大西洋を臨むゴールウェイまでは二百数十キロだから、約三時間でアイルランドを横断することになる。

道路標識は分りにくい。交差点に鉄パイプの柱が立っていて、そこに白い標識がいくつか、行先を指さすように取り付けられているだけである。交差点まで行かないと字は読み取れないし、小さな標識には英語とゲール語が併記されていてうっとうしい。裸の数字は場所によって、マイルだったりキロだったりするから、目的地が近くなったり遠くなったりして驚かされる。車社会になっていないのである。

なお、ゲール語はケルトの言葉であり、この国の第一公用語である。イギリス支配とともに、一時は無学無教養な貧乏人の話す言葉となり果てたゲール語だったが、前世紀末頃から高まった国民精神の目覚めとともに、ようやく復権し小学校でも教えられるようになったのである。それでもこれを現在常用している人々はかなり少ないと言われる。

中世の港町ゴールウェイに昼過ぎに到着した。ここは詩人のイェイツ、劇作家シング、同じく劇作家のグレゴリー夫人などによる、アイルランド文芸復興運動の中心でもある。

高度に審美的なケルトの神話や伝説、古い民族歌謡などを掘り起こし再生することで、英文学とは違う独自の国民文学を創《つく》り、アイルランド人に誇りと祖国愛を鼓吹《こすい》しようとしたのである。ダブリンでなくゴールウェイに拠点を置いたのは、この辺りがケルト語の最もよく話される地域であると同時に、ケルトの風俗や伝承が豊富に残る地方でもあるからだった。この運動はやがて独立運動へと発展して行ったのである。

ダブリンからゴールウェイまでの、途中のすべての町が眠っているように静かだったのに比べ、この町は観光客や学生らしき若者の活気に溢れていた。ギター、フィドル、アコーディオンなどを手にした、ストリート・ミュージシャンが、てんでにフォーク、ロック、伝統音楽などを演奏していた。

いつも通り昼食に、細長いコッペパンにレタスとチュナをはさんだサンドウィッチを買い、コリブ川沿いの芝生に坐《すわ》って食べた。背にある聖ニコラス教会は、大西洋へ船出する前のコロンブスが、安全を祈願した所である。

面白そうな町であったが、昼食後すぐに、宿泊予定のクリフデンへ向かった。コネマラ半島の突端だし道路事情も分らないので、早めに出発するにこしたことはない。海沿いにしばらく走った。沖合左前方に、シングの『アラン島』で有名なアラン諸島が見えた。十数キロ走って右に折れ、内陸に入った。荒漠の地であった。農地はどこにも見えず、木が一本もない低い山々には、白い岩肌ばかりが目立っている。氷河期の終り頃、氷河が移動した際に土をこすり取ってしまったのである。石灰岩の破片を一メートルほどの高さに積み上げた石塀が、生気ない草のまばらに生える荒地を区分している。なけなしの土が風で飛ばされぬための工夫でもあるらしい。暴虐《ぼうぎゃく》の限りをつくしここまで来たクロムウェルが、「人を吊《つる》す木もなく、首を突っ込む水もなく、人を埋める土もない」とこぼしたほどの所である。

十六世紀にイギリス王ヘンリー八世が、自らアイルランド王を兼ねると宣言して以来、イギリスによる蹂躙《じゅうりん》は凄《すさ》まじい。ヘンリー八世の娘エリザベス一世は、植民地化を進め、十七世紀のピューリタン革命では、チャールズ一世の首をはね、共和国を成立させ勢いに乗るクロムウェル軍が、アイルランドに上陸した。内外の反革命勢力がここに結集するのを恐れ、カトリックの大量虐殺を含む徹底弾圧を行なった。カトリックの男はもちろん、僧侶《そうりょ》、婦女子の頭までを棍棒《こんぼう》で叩《たた》き割り、僧院を根こそぎ破壊した。そのうえ、軍資金回収のため、カトリックの土地や資産を大量に没収したから、カトリックのほとんど、従ってほとんどのアイルランド人は以後、貧民層を形作ることとなった。聖戦の名を借りた強奪だった。十九世紀中頃には、自作農所有の土地は、ほんの三パーセントに過ぎなかった。

一八〇一年に併合してからは、アイルランドを小作地化し、容赦ない年貢《ねんぐ》取り立てを実行したため、国民の七割を占める農民は飢饉《ききん》のたびに飢えで死んだ。特に一八四五年から四年間にわたるジャガイモ不作の時は、大飢饉で、餓死者だけで百万人、アメリカやイギリスなどへの移住を加えると、アイルランドは総人口の二割を失った。ケネディ家もこの時にボストンへ移住した。アメリカへの移住者はフィニアン同盟を結成し、「土地は人民のものか、征服者のものか」と呼びかけ、土地解放と独立を目指す反英運動を支援することになる。

実はこの期間、農民の常食たるジャガイモは、広がった胴枯れ病により凶作だったが、小麦はむしろ豊作で、乳製品と共に、不在地主の住むイギリスへ大量輸送されていたのだった。イギリス政府は、これを難民救済にふり向けるだけでよかったのに、それすらしなかったのである。

農業ばかりでない。イギリス本国繁栄のため、工業発達を抑圧し、ゴールウェイをはじめとする西部の良港を封鎖するなどして、海外貿易を阻害した。また各種の差別的法律により、教育や仕事の機会まで奪い、アイルランドを無知無学化、無気力化し、自国の資本主義発展のためのみに存在する、貧民の島としたのである。十九世紀に人口の減少した国は、世界中でアイルランドのみと言われている。これはイギリスとの併合が何を意味したかを物語っている。

絶望的に不毛な西部は、常に最も大きな被害を受けた。石で囲まれた区画のうち、大きいのは牧畜用、道路沿いの小さなものは民家跡と思われる。小村だったのだろう。廃墟《はいきょ》となった石塀の脇《わき》を土の露出したでこぼこ道が通っている。昔は牛や馬が荷車を引いたのだろうが、長い歳月は轍《わだち》さえ消してしまっている。

ここにあったはずの人、家、生活、行事も、ここで営まれた誕生、恋、結婚、出産、死のサイクルも、今は跡形もなく、人の記憶からさえ消えてしまっている。空地に残るわずかな雑草だけが、存在する生のすべてである。私は寂寥《せきりょう》と義憤に襲われ、大きく嘆息した。

息を呑《の》むような荒涼を左右に見て、なおも淋《さび》しい道路を走ると、馬糞《ばふん》のごときものが一メートルほどの高さで、あちこちに積まれている。何かと訝《いぶか》っていると、ちょうど道端で一人の男が、それを手押し車に入れていた。この道で目撃した唯《ただ》一人の人間だった。ホッとした。この地に住人のいることが、いかにも不思議に思えた。

泥のついたヨレヨレの黒ズボンに、白い開襟《かいきん》シャツの彼は、話しかけると、うれしそうに微笑《ほほえ》んだ。前歯がいくつか欠けていた。彼はそれが露天掘による泥炭《でいたん》であり、ストーブの燃料だと言った。私が初めて見る泥炭に興味を示すと、「これは暖房にも料理にも使えます。ぜひ日本へ持ち帰って試して下さい」と、一つかみを紙に包んでくれた。持つと、確かに名前の通り、泥と炭の混じったような感触だった。ジャガイモとこれだけで何世紀も生きて来たのだろうと思った。

長年にわたる貧困のためか、体格は貧弱だが、素朴で人なつこい羊飼いだった。何キロか先に村があると言った。私は彼を眺めながら、何世紀にもわたる苦難をしのいでここまで生き延びた人もいるのだ、と感慨を禁じ得なかった。

翌日、山々に囲まれて無数の湖が点々と広がる、コネマラ国立公園を通った。それぞれの湖の形や大きさがみな異なるうえ、中に島があったり半島が突き出たりしている。青く一点の濁りもない水面に対岸の樹木がくっきりと影を落とし、水際《みずぎわ》の上下に対称図形を作っている。一つ一つの湖が日本庭園のように現れ、美を競っている。何度も車を止め、何度も息を呑み、何度も写真をとった。不毛の荒野の奥に、このような宝石があるとは、すぐには信じられないことだった。

ディングル半島に向かった。途中で瀟洒《しょうしゃ》な町アデアを通った。ここの領主アデア子爵《ししゃく》の息子がハミルトンの弟子だった関係で、ハミルトンはここを何度も訪れている。川にボートを浮かべ、楽士の奏《かな》でる音楽を聞きながら、食事をしたり、水に飛び込んだりと、ハミルトンはこの辺りの田園を愛した。確かに緑一面で美しい。ここからディングル半島への途中、標識の不備で田舎道に迷い込んだりしたが、なだらかな起伏に沿って灌木《かんぼく》で区切られた牧場が一面に広がっている。黄緑の牧草、濃緑の灌木、そして点々とある白い漆喰の農家が、絵をなしている。牧場では羊や牛が草を食《は》んでいて、いかにも平和である。ふと、生まれ変って羊になるのなら、ぜひアイルランドの羊になりたいと妙なことを思った。アイルランドには人口の二倍の羊や牛がいる。

昭和初期の詩人丸山薫《かおる》の詩を思い出した。

汽車にのって

汽車に乗って
あいるらんどのような田舎へ行こう
ひとびとが祭の日傘をくるくるまわし
日が照りながら雨のふる
あいるらんどのような田舎へ行こう
車窓《まど》に映った自分の顔を道づれにして
湖水をわたり　隧道《とんねる》をくぐり
珍らしい顔の少女や牛の歩いている
あいるらんどのような田舎へ行こう

この夢のような詩を読んだら、誰でもアイルランドを訪れたくなるが、私も少しは影響を受けていたかも知れない。もっともこの詩の背景については、司馬遼太郎氏が『愛蘭土《アイルランド》紀行』（朝日文芸文庫）の中でこう述べている。「丸山は青少年期を大正デモクラシーのなかで送ったが、右の詩が発表されたころは、軍部が大きく勢力をひろげつつあった。そういう閉塞《へいそく》のなかで、丸山薫は大きなからだをまるめ、動物園の象が草原を恋うようにして海のかなたの『あいるらんど』を恋うたのである」

また高橋哲雄氏は『アイルランド歴史紀行』（ちくま学芸文庫）の中で、行ったことのないアイルランドへの丸山薫の想《おも》いの裏には、幼少期を過ごし、日本の支配下にあった朝鮮への想いがあった、と指摘している。いずれにせよ私は、このなぜか懐《なつか》しさを湧《わ》かせるこの詩を、ここで思い出したのだった。

ディングル半島を訪れたのは、デヴィッド・リーン監督の名作「ライアンの娘」の舞台だからである。第一次大戦中のイースター蜂起《ほうき》の頃の話である。敵方である若いイギリス将校に恋する主人公は、小学校長の妻だった。

ロケに使った小学校をさがしたが容易に見つからなかった。田舎道で会ったアイルランド人の一行に道を尋ねると、前日に訪れたそうですぐに教えてくれた。そんなものに興味をもつ日本人のいることに興味を持ったようだった。そこから三百メートルほど草原を歩き、海岸に下った所に石造り平屋の小学校はあった。ウィンドブレイカーを着ても寒いほどの強風の中で、荒れ果てた小学校を見ていると、先ほど道を尋ねたアイルランド人一行がやって来た。目印のない草原で私が道に迷わなかったか、わざわざ確かめにやって来たのである。民族独立の記念碑を見ようと、はるばる日本からやって来た物好きに親近感を持ったのだろうが、アイルランド人の親切ぶりには驚かされた。

親切心をも含め、あらゆる感情を抑えるイギリス人に比べ、アイルランド人ははるかに開放的で気が楽である。十人もの一行となったのは、ダブリンに住むアイルランド人一家と、イギリスのシェフィールドに住むその妹一家が連れ立って来たからである。アイルランド人は家族の絆《きずな》が強いことでも知られている。

アイルランド随一のトリニティ・コレッジを卒業して技師をしているという御主人は、女主人公の夫を演じた俳優ロバート・ミッチャムにそっくりだった。そう言ったら、本人は顔を赤らめ、奥さんは大喜びした。数学者ハミルトンを知っていたのは、アイルランドに来てから彼が初めてだった。イギリス人については、特に好きでも嫌いでもないと言った。嫌いなのだろうと思った。御主人の妹は、子供の頃育ったアイルランドの方が性に合う、と言った。在英アイルランド人は在日朝鮮人の立場にある、との言葉（高橋哲雄『二つの大聖堂のある町』ちくま学芸文庫）を思い起こした。名前を聞きそびれたので、別れ際に「グッバイ、ロバート・ミッチャム」と言ったら全員が大笑いした。

ダブリンに戻った翌日、トリニティ・コレッジへ向かった。この大学はエリザベス一世が、父親ヘンリー八世の創設したケンブリッジ大学トリニティ・コレッジを範として、一五九二年に創設したものである。プロテスタントの子弟を教育し、アイルランドのイギリス化を促進するためのものだったから、その後三百年近く、カトリックの入学は許可されなかった。ハミルトンの他、ジョナサン・スウィフト、サミュエル・ベケットなどの学んだ所でもある。

繁華街グラフトン通りに面した門を入ると、中は別天地のように静かで、伝統を染《し》み込ませた建物が大きな中庭を囲み整然と並んでいる。この辺りはどの建物も一八〇〇年頃までに完成しているから、ハミルトンもこれら一群の校舎で学び教えた筈《はず》である。

*

ウィリアム・ロウアン・ハミルトンは、一八〇五年、ダブリン市内で、法律事務所を営む父の、九人兄弟の四番目として生まれた。三歳の時、ダブリン近郊のトリムに住む、牧師補の叔父ジェームズに預けられる。父親が弟のジェームズに息子を預けた理由は、事業不振による家計の逼迫《ひっぱく》もあったが、やはりこの弟がトリニティ・コレッジを優等で卒業しており、息子のために最善の教育をしてくれると思ったからだろう。それにジェームズは大きな屋敷兼学校に校長として住んでいて、そこには自分の母親や独身の妹もいたから、安心して任すことができた。ボイン河に面したこのトリム教区学校（小中高一貫の塾のようなもの）の創立は古く、ワーテルローの戦いでナポレオンを破ったウェリントン将軍も学んだことがある。

アイルランドでも最も歴史遺跡の多いと言われる、ボイン河畔の美しい町トリムで、少年ハミルトンはすくすくと育ったのである。

独特な教育観をもち、大学で古典を専攻したためか語学に達者なこの叔父の下で、ハミルトンは早熟な才能を発揮する。五歳までに、英語、ラテン語、ギリシア語、ヘブライ語を読解することができるまでになったのである。神童の噂《うわさ》はすぐに小さい町に広がり、見物に来る大人達の前でハミルトンは、ヘブライ語の聖書やギリシア語のホメロスを読んで、仰天させたりした。十歳までにはこれにイタリア語、フランス語、ドイツ語、アラビア語、サンスクリット語、ペルシア語が加わる。美しい景色を前に、高揚した気分を表現するのに英語では不充分とみると、ラテン語で即興詩を作ったりする。十歳で十ケ国語を読める、と息子自慢の父親はあちこちで喧伝《けんでん》する。ジェームズ叔父は学校の宣伝パンフレットに少年ハミルトンを紹介する。

彼の途方もない才能とエネルギーは、この常軌を逸した言語修得で消耗したわけではない。暗算少年として名を馳《は》せる一方、十歳でユークリッドの『原論』を読み、十二歳でニュートンの『プリンキピア』を読み天文学に魅せられる。

ジェームズの指導方針は確固としていた。まず国語、古典語、外国語をきっちり身につけさせ、野山で身体《からだ》を鍛えさせ、その後に数学、物理、歴史、神学などを少しずつ習わせたのである。

ジェームズの指揮下で成長して行ったハミルトンに、十五歳の時に転機がおとずれる。トリニティ・コレッジのフェロー、ボイトンに紹介されたのである。彼はハミルトンに将来性を感じ、当時最も進んでいたフランスの数学書を貸した。ラグランジュやラプラスを読んだハミルトンは、数学にとりつかれた。そしてすぐに、未来の指導教官ボイトンの解けなかった問題を解くまでに成長する。十六歳の時には、当時の権威書、ラプラスの『天体力学』に誤りを見つけ、専門家を驚かせる。天文台長のブリンクリーは第二のニュートンとほめちぎる。

数学研究に身を入れ始めたハミルトンを間近に見て、ジェームズは入試の方を心配したが、幼少時に築き上げた古典の知識教養は揺るぎないものだった。トリニティ・コレッジを受験し、首席で合格したのである。ハミルトンは学校に一切通わず、語学、古典、神学などについては叔父の指導、数学と物理は独学により基礎教育を完了した。と言っても学校の中に暮らしていたようなものだが。

ハミルトンは十八歳で大学へ入学したのだが、当時の平均入学年齢十七歳に比べ一年ほど遅れている。ジェームズ叔父は十五歳だった。一年遅らせたのは、一番で入りたかったからではないか。いずれにせよ、十五歳で数学を本格的に勉強し始め、一年遅らせて大学へ入学したということは、数学はなるべく早く学ばねばならない、という神話への反例である。

大学に入ってからの快進撃も凄《すご》かった。あらゆる試験で一番をとったうえ、大学では二十年来誰にも与えられなかった大賞を、数学と古典でもらい、英詩でも学長賞を二度獲得する。まさに寵児《ちょうじ》だった。

一年生で大賞をとったという前代未聞《ぜんだいみもん》の快挙は、ダブリンでの噂となり、中上流階級からも招かれるようになった。中背ながら、水泳や体操で鍛えた広く厚い胸、聡明《そうめい》に輝く青い目、陽気な笑いと素早いウィット、ハミルトンはハイティーンながら、社交界の引っ張りだことなった。彼もそういった雰囲気が好きだったし、父親譲りの単純さで、ほめそやされることが大好きだった。

彼が部屋に入っただけで、放射される気により辺りがぱっと明るくなったという。この頃に交際した人々の中には、当時最もよく知られた女流作家マライア・エッジワースもいた。天文台長のブリンクリーから、ニュートンの再来と聞かされていた三十八歳年長のエッジワースは、ハミルトンの桁外《けたはず》れた知性と文学的教養に目をみはり、その後も長い交際を続けるようになる。

彼の付き合う中上流階級は、すべてアングロ・アイリッシュと言われる人々であった。すなわち、英国教会のアイルランド版、アイルランド教会に属する人々である。総人口のほんの数パーセントに過ぎない彼等は、プロテスタントとしての特権により、政治的、社会的、文化的な影響力を享受《きょうじゅ》していたのである。彼等は文字通りの特権階級だったが、それにあぐらをかいていたわけではない。ケルト伝承を掘り起こし、偉大な文人を輩出させ、国民精神を高揚し、独立への狼煙《のろし》を上げたのも、彼等だったのである。一説ではハミルトンの祖父も、反英運動により投獄されたうえ、国外追放にあったという。

生まれてこの方、何もかも順調だったハミルトンが、初めてつまずくことになる。十九歳になったばかりのハミルトンは、ダブリン郊外にある、アイルランド有数の大邸宅に住む十八歳の娘、キャサリン・ディズニーに恋してしまったのである。金髪で愛くるしい青い瞳《ひとみ》を持ったこの乙女に、一目惚《ぼ》れしたハミルトンは、初めて出会った日の夕食で、他の誰とも話さずキャサリンと話しこむ、という不作法まで冒したくらいだった。そして食後の、キャサリンの細く白い指で奏《かな》でられたハープの音で、止《とど》めをさされたのだった。彼はトリニティ・コレッジに学ぶキャサリンの兄と友人になり、弟の勉強をみる一方、キャサリンとも何度か会う。二人は相思相愛となり、キャサリンの母親も若い恋を祝福した。

ハミルトンは有頂天だった。と言っても二人の交際はこの時代のこの階級にふさわしいもので、キスを交わすことさえなかった。女性に対して臆病《おくびょう》なハミルトンは、愛を告白することさえしなかった。自分の妹イライザに愛を打ち明けたのは、イライザがディズニー家の姉妹達と仲良しだったから、自分の気持ちを伝えてくれると期待してのことだろう。この手に負えぬ臆病は、他のすべての点における自信過剰と、際立《きわだ》ったアンバランスを呈している。

兄を心から慕っていたイライザは、その微妙な感情から、中に立とうとはしなかった。数ケ月してからやっとハミルトンは、詩に想いを託してキャサリンへ送ったのである。

許して下さい
無上のこの歓《よろこ》びを
胸躍るこの空想を。
それはたった一つの輝ける像
覚めて想い夢で想う。
それはたった一つの希望の像
運命の中でもつれ合う。

この詩がキャサリンの父親の目にとまったのだろう、思わぬ展開となった。娘が無一文の学生と恋の深みに陥るのを恐れた父親は、中年の資産ある牧師と強引に婚約させてしまう。キャサリンの母親から、突然この報を聞かされた時のことを、ハミルトンは、その三十年後にこう語っている。「娘の恋人である私に、娘の婚約を告げる際に見せた彼女の表情はとても忘れられません。娘を真剣に愛している私への同情、そして涙ながらに婚約破棄を嘆願する娘への憐《あわ》れみから、悲痛に満ちていたのです」

十九歳のハミルトンはすっかり打ちひしがれ、絶望の余り病気がちとなる。長い鬱《うつ》状態にあったこの一年間は大学での成績もふるわなかった。天文台長ブリンクリーに会いに行く途中、自殺の衝動にまで駆られた、と後に告白している。思い止まるだけの自尊心はどうにか残っていたものの、キャサリンとの失恋の傷は、終生癒《い》えぬまま彼の人生に影を落とすことになる。

この頃、キャサリンとの恋と破局を、「情熱の人」と題する長い詩に綴《つづ》った。

……

ああ、あのハープの宵

想いあふれてそこにいられず
顔を隠して遠くに坐《すわ》り。
ああ、あの甘い歌の声
我知らず立ち上り
恍惚《こうこつ》の中で彼女に歩み寄り。
歓喜は長く続かぬもの
夢は壊れ鎖は裂かれるもの。
もう恋は語るまい
幸せは彼女とともに過ぎ去った。
……

この詩は四年後に、ダブリンの文芸誌に掲載された。後年ハミルトンは、この詩の別刷を信頼する人々に献呈したという。

痛手からようやく立ち直ったハミルトンは、持前のエネルギーを数学と物理学、そして詩作にぶつけることになる。子供の頃からのハミルトンの夢は、トリニティ・コレッジのフェローになることだった。フェローになれば、コレッジ内に住居を与えられ、学者の道を進むこともできるし、途中から聖職についても、主教にまで登りつめる道が開けていた。一生を牧師補のまま終ったジェームズ叔父は、自ら果たせなかったこの夢を、ハミルトンに託していたとも言える。彼は十二歳の頃から毎年、ハミルトンにフェロー採用試験を傍聴させていたのである。

四日間連続で、午前と午後に二時間ずつ行なわれるこの試験は、すべて口頭試問で、しかも講堂で行なわれたから、希望者は誰でも傍聴することができた。ダブリンの知的催し物となっていた。自信のあるコレッジ卒業生はこれを何度でも受験できるが、五百人近い聴衆の前で、論理学、数学、物理学、倫理学、歴史学、年代学、ラテン語、ギリシア語、ヘブライ語の鋭い質問に答えるのは容易なことではなかった。

ハミルトンは三歳の時から、まさにこの試験を受けるための勉強をしてきたようなものだった。一年生の頃には、卒業と同時にこの難関を通る自信も充分あったし、周囲もそう思っていた。ハミルトンが数学と物理学と詩作にエネルギーを注いだ、ということは、目標達成を直前に、ジェームズ叔父を裏切ったということである。

二十一歳で、数学を光学に応用した、「光線系の理論」を論文として提出し、光線の経路を決定するうえで画期的な特性関数を、この中で初めて導入する。

これは大評判となった。大学四年生の時、ハミルトンは卓抜な業績により、ケンブリッジ大学教授をはじめとする有力候補者の中から、何とダンシング天文台長兼天文学教授に推されたのである。学部学生が教授就任を要請されるとは前代未聞である。彼は計画通りコレッジにフェローとして残るべきか思案した。天文台での単調な観測やデータ整理は、広大な視野で想像力を飛翔《ひしょう》させることの得意なハミルトンには、不向きに思えた。引退するブリンクリー台長も、ハミルトンの天才を殺すことにならぬかと懸念《けねん》を表明していた。

一方、コレッジに残ることで生ずる重い授業負担や、人間関係によるストレスは、自由な研究に没頭したい彼にとって不利と思われた。それにコレッジに住むフェローは結婚を許されない。九人兄弟のうち早世した四人を除くと、四人の姉妹は誰も結婚していなかった。母親に続いて十四歳で父親を亡《な》くしてから、五人の子どもは親戚《しんせき》の家に散り散りになっていたのである。ただ一人の男子として責任を感じていたハミルトンにとって、ダンシング天文台の広い住居は、皆が一緒になれるという点で、大いなる魅力だった。彼は天文台長を受諾した。

若き天文台長は、数学の権威であると同時にいたずら好きな青年であった。各地からの来客の前で、よく屋根に登りその縁を歩いてみせたり、興が乗るとそこで危険なケンケンさえしたという。

本務の天体観測は助手に、データ整理は妹達にまかせ、ハミルトンはもっぱら数学研究に精進した。そして先の光学理論を完成し、それに基づき双軸結晶の屈折光線に関するある現象を予言した。数学の持つ予言力は、後にマクスウェルが電波の存在を予言したり、アインシュタインが重力場による光路のゆがみを予言したため、今では周知のこととなっている。が、数学理論が意外な自然現象を予言する、というのは当時実に不思議なことだったから、これが後に実験で確かめられた時は、大きなセンセイションを巻き起こした。

ついでにハミルトンは、光学理論を力学理論へ拡張し、特性関数の威力を示した。これは今でもハミルトニアンと呼ばれている。一方ヤコービの仕事と合体したハミルトン・ヤコービ方程式は、解析力学の基本方程式となった。また彼の考え方は量子力学にも取り入れられている。

天文台長になったばかりの頃、二十二歳の彼は、イギリスの湖水地方に、詩人ウィリアム・ワーズワースを訪れ、この三十五歳も年長の大詩人と意気投合する。数学と詩は同じ想像力の上に成り立ち、数学の目指す真と詩の目指す美とは同一物の二側面である、と信ずるハミルトンは、しばしば詩作に励んでいた。

二人のウィリアムは互いにその天才を尊敬し、生涯の友となる。詩作に自信もあったハミルトンは、これが若さであり、アイルランド人の天真爛漫《てんしんらんまん》さであり、イギリス人が眉《まゆ》をひそめるところでもあるのだが、ワーズワースに自詩を見せたらしい。稀有《けう》の才知には劣等感を覚えるほどだったワーズワースも、詩才の方は高く評価せず、次のような手紙を送った。

「貴方の詩には、私の判断ですが、真の詩的精神が溢《あふ》れています。強い感動の産物なのでしょう。特に第六連と第七連は秀逸で、声を出して読みながら、目頭が熱くなり声も震えるほどでした。一方、私の言うことがお気に障《さわ》らぬよう念じますが、技術的にはまだまだです。第六連と第七連でさえ完璧《かんぺき》ではありません」

詩人となる野望を捨てるよう、婉曲《えんきょく》に諭したと言えよう。それでもワーズワースはハミルトンの輝かしい知性に魅《ひ》かれ、ダブリン郊外の彼を三度も訪れている。最初の訪問については、観測手伝いとして住み込んでいた妹のイライザが、その時の模様を伝えている。

「向うの通りをこちらへ、ウィリアムと背の高い紳士が歩いてきました。紳士は茶色のコートに南京木綿《ナンキン》のズボンという出《い》で立ちで、うちのグレイハウンドが特別うれしそうに尾を振って飛びついていました。『この辺りにみなぎる野生と憂愁に胸を打たれた』と彼は言いました。この言葉に詩人がうかがえただけで、かのワーズワースは他のどこにも感じられませんでした。でも当然と思います。詩人が日常会話まで詩的だなんて不自然ですもの」

なおイライザはハミルトンの四姉妹中、最も知的であり、詩人でもあったため、このころハミルトンに一番近い人だった。

ワーズワースは自詩をハミルトンに読んで聞かせたり、文学、科学、哲学、神学に関する深い対話を交わしたという。ハミルトンはこれらを通し、自分に第一級の詩人となる天分がないこと、そして自らの進むべき道が科学であることをしっかり悟ったと言われる。ただ詩作をやめたわけではなく、科学について書いたり話したりする時でも、詩の引用や詩的表現を好んで用いた。大いなる年齢差と分野差を超えたこの友情は、一見奇異に思えるが、ワーズワースはある人に「ハミルトンとコールリッジは、私が出会った最も魅力的な人物である」と語ったそうである。

二十六歳の時、再び恋に落ちる。良家の娘エレンを見初めたのである。このときも舞い上がった彼は、ワーズワースに恋の詩をいくつも送り、ハミルトンが科学の道に踏みとどまることを願う老詩人を、心配させる。ワーズワースは、「頭の四分の三が夢中なら、残りの四分の一でじっくり考えなさい」と返事する。残りの四分の一で考えたハミルトンは、会って三ケ月で、求婚を胸に西部の町アデアまで会いに行く。エレンの両親を始め、周囲もほぼこの結婚を支持していた。本人のエレンも、自宅のあるクラーから、目的を知りつつわざわざアデアまで出て来たのだから、好意を持っていたに違いない。ところが、エレンがふと、「クラー以外では楽しく暮らせそうもないわ」と言った瞬間、ハミルトンはこれを拒絶と解釈し、あきらめてしまったのである。そしてまた、失恋の詩をいくつも書いたのである。エレンやその家族は、拒絶した覚えはないから、その後自宅にハミルトンを招待し、彼も数日間そこに泊まった。チャンスだったが、それでも彼はエレンに求婚しようとはしなかった。キャサリンの場合も同様であったが、異性に対するこの臆病《おくびょう》は歯がゆいほどである。

どちらの場合も交際中、キスさえしていないのである。この原因についてはいろいろ詮索《せんさく》されている。母親や姉妹から離れ、大人の中で育ったことに起因する、女性に対する劣等感があった。妹のイライザに、無意識の恋心を持っていて離れられなかった。あまりに敬虔《けいけん》なクリスチャンのため、女性に求愛できなかった。相手の言葉を瞬間的に深読みしすぎる癖があった等々。

私にはむしろ、次のような二つの側面が大きいと思われる。

一つはハミルトン自身の抽象化への強い志向である。彼の数学は四元数に見られるように、当時としては極めて抽象的なものであった。物理学においても、彼の光学理論は、それまで具体的で目に見える幾何学で説明されていたものを、抽象的な代数学で説明するものだった。

彼の科学観はもともと、帰納より演繹《えんえき》だったのである。すなわち彼にとって数学や科学は、自然現象ではなく理性にのみ基盤をおく、純粋な創造物であった。これが自然の解明に役立つのは、思考の法則と自然の秩序が、慈悲深い神の思《おぼ》し召しにより見事に一致しているから、というのだった。彼が心おきなく抽象化に向かったのは、この科学観があったからでもある。

彼の詩も抽象的である。ワーズワースなどに比べ、具体性に欠けているだけ、詩としての力が失われることになったのではないだろうか。彼の恋も、いかにも現実性に欠けている。彼は抽象的な恋に意識下で満足していたのではないだろうか。現実の生々しい恋が、抽象化を経て永遠のものとなるのを意識下で望んでいたのではないだろうか。

もう一つの側面は、国民性と言ってよいロマンティックな自己陶酔である。アイルランド人の度し難い自己陶酔は、彼らの反英蜂起《ほうき》を見ればよく分る。何度武装蜂起をしても、自滅的な失策や状況判断の甘さにより、すべては惨《みじ》めな失敗となるのである。ドンキホーテ的と言ってよい。負けたいと思っているのではないか、と私には思えるほどである。たとえば、一八〇三年のエメットの乱では、ナポレオン軍がイギリスに攻め込むと勝手に思いこみ、銃を持ったこともないような人々を百名ほど率いて、イギリス政府の中枢《ちゆうすう》ダブリン城を襲撃したのである。無論失敗して、指導者たちは絞首刑となる。

一八四八年に青年アイルランド党が起こしたティペラリーでの武装蜂起では、折しも大飢饉《だいききん》の最中で、空腹を抱えた農民はそれどころでなく、誰も同調しなかった。また一九一六年のイースター蜂起でも、蜂起直前の内部対立、ドイツからこっそり購入した武器の陸揚げ日を一日思い違えるという、信じられぬ不手際《ふてぎわ》に加えて、何の根拠もなく大衆蜂起を期待し決行したから、失敗したのである。千五百名のアイルランド義勇軍は、義勇軍総裁の蜂起中止命令にも拘《かかわ》らず、二万名のイギリス軍に挑んだのであった。大衆は反乱の間、定時に仕事に出て、夕方はパブで飲んでいたという。

このような軽挙妄動を繰り返すから、綿密に計画を練るイギリス人に、ロマンティック・フールと馬鹿《ばか》にされるのである。

アイルランド人は、それが悲劇であれ、自らヒーローとなることに情熱を持っているように見える。妖精《ようせい》神話の国であることにも現れているように、半分は夢の世界に足を入れて生きていると言えないこともない。ハミルトンの胸の奥にも、そんなロマンティシズムが潜在していたように思える。彼にとって恋愛は失恋により完成するものだったのではないか。

恋愛に陥った時の我を忘れるほどの陶酔、驚くほど潔《いさぎよ》い引き際、そして長い年月のあいだ綿々と思い続ける未練はこの二つでよく説明されるのではないだろうか。

エレンとの失恋後間もなく、同情と愛情を混同したのか、さしたる愛の育たぬまま、二歳年長で病弱のヘレンと婚約する。生まれて初めてのキスに、うぶなハミルトンは目を回したのかもしれない。彼と知的会話を交わすほど教養はなく、正直者である以外にあまり取り柄のない彼女では、抽象化するに値しなかったし、ヒーローになることもできなかったのかもしれない。結婚に反対の姉妹たちは天文台を出てしまう。

案の定、半病人の彼女は、彼の支えになるどころか、終生の重荷となる。虚弱体質のためよく実家で長期療養をした。また家事の切り盛りを要領よくこなせず、家中が雑然としていた。見かねた彼女の母親がかたづけに来るほどだった。何人かいた召使いも愛想をつかし逃げ出したため、ハミルトンの書斎には所狭しとノートや原稿、黒ビールの空き瓶や皿が散らばっていた。食事も忘れ、十時間もぶっ通しで考え続ける彼の集中ぶりを理解しようとせず、適切な食物を与える配慮さえ欠いたヘレンは、よく肉一片と黒ビールだけを、書斎の入口に置いておいたそうである。

もっともヘレンの方にも言い分がある。彼女は彼の過去の傷、特にキャサリンとの失恋を何度も夫から聞かされていたのである。ヘレンにしてみれば、何の持参金もなく、器量も並で、婚期も逸した自分との結婚をこの高名な学者が欲したのは、過去の傷を癒《いや》し慰めてもらうためだった、と思ったかもしれない。

ヘレンは天文台で催されたパーティーにもほとんど顔を出さなかった。ある三十年来の友人は、彼女に一度も会ったことがなかったから、ヘレン夫人とは「抽象的な概念」に過ぎないと思っていたという。ほとんど分かち合うものもないヘレンに隠れて、ハミルトンはこの頃、忘れ得ぬキャサリンを想《おも》い、こんな詩を作っているのである。

「……歓《よろこ》ぶより忍びつつ、哀《かな》しき満足の人生を耐えながら、穏やかな心で墓を待とう」

家庭的な寂しさや、振り切れぬキャサリンへの想い、長時間の数学的緊張などを紛らわすため、次第に酒を口にすることが多くなった。公式の宴会でも学会の夕食会でも、所構わず酔っ払っては得意の弁舌を披露したらしい。

名誉は彼に降り注ぎ、三十歳でナイトの称号を授与され、その二年後にはアイルランド学士院長となる。

ハミルトンは次第に代数学の基礎に関心を持つようになる。同時に時間と空間を認識の二大源泉と考えるカント哲学に凝り、幾何学は空間の、代数学は時間の科学である、という奇妙な考えにとらわれ始める。したがって代数学の確固たる基盤は、時間の概念と密接に関わっていなければならない、と考え多大な時間を浪費する。

そのかたわら、それまであいまいだった複素数を、実数の対として公理論的に再構成することに成功する。彼は複素数が二次元のものであることに着目し、三次元への一般化を見出《みいだ》そうと苦心を重ねる。十年余りの思索の後、三次元を超えて四次元へと導かれたが、ついに一八四三年十月十六日、ハミルトンは、散歩でブルーム橋にさしかかった時、四元数の概念に想到する。これはa×bとb×aが異なる、という点で革命的な代数系であった。彼自身この突然の閃《ひらめ》きに深く感動し、ナイフで橋の上に、四元数の基本式を刻み込んだのである。

この偉大な発見をきっかけとして、行列代数、グラスマン代数など、多くの新しい代数系が世界で発見されていった。また、四元数の発見を、デカルトの座標幾何に比肩《ひけん》する業績と語ったマクスウェルは、それを電磁場理論に応用してみせた。その論文を検討したギブスは、四元数の積を観察することからベクトル解析を編み出し、これは後に物理学の各分野で使われるようになった。

＊

トリニティ・コレッジは、夏の終りの陽を受けて輝いていた。受付で、「二世紀近く前にここを卒業した科学者、ウィリアム・ハミルトンについて知りたいのですが」と尋ねると、何を勘違いしたのか、同窓会事務所を教えてくれた。幸いここの女性がハミルトンの誰たるかを知っており、ハミルトンについてはトリニティで最も詳しいとされる、コンピュータ科学の教授を紹介してくれた。でっぷり肥えて赤ら顔の教授は、青白く人見知りさえするイギリスの教授とは違い、親切にいろいろの資料をみせてくれたうえ、ダンシング天文台長へ紹介状を書いてくれた。

ハミルトン、ジェームズ・ジョイスなどもよく利用したという、宮殿の如《ご》き中央図書館を見学した。幅十メートル、長さは七十メートルもありそうな細長い部屋に沿って、数メートルもの高さの書架が壁に垂直に並んでいる。各書架の先に一つずつ白い胸像が置いてあり、無論ハミルトンのものもある。この細長い部屋は、公式行事にも使われたらしく、ハミルトンがナイトを授けられたのもここであった。別室で、八世紀に書かれ、人や動物を配した挿絵はケルト美術の最高峰と言われる、聖書の写本『ケルズの書』を見た。

タクシーで天文台へ向かった。人の好《よ》い運転手は無論ハミルトンを知らなかったが、「有名な作家や芸術家のほかに、偉大な数学者までいたとは、アイルランドもなかなかのものでしょう」とうれしそうに言った。

郊外に向かい十キロ余り走り、二度ほど道を尋ねて、やっと天文台に着いた。門を入るとそこには三百坪ほどの芝生の庭園があり、その向うに白亜の建物と緑色のドームがあった。ハミルトンの頃の写真と比べほとんど変りない。向かって左が台長住居、右側が観測用施設である。ワーズワースのように犬に飛びつかれたら、と案じていたがどこにもいなくてホッとした。ベルを押すと副台長が現れ、旧友を迎えるような仕草で私を部屋に通してくれた。

天文台を案内し、資料をコピーまでしてくれた。印象に残ったのは、ハミルトンの用いた書見台だった。先に行くほど高くなった木箱のようなもので、机上に置いて用いる。字跡の多く残る表面を指先でなぞると、傷もあるのか、滑らかと言うよりむしろ荒れた感触があった。

それは四元数発見以降の苦衷を表しているようでもあった。四元数は当初予期したほどの反響を呼ばなかった。ニュートンの微積分発見に匹敵するものと信じ、物理への画期的応用も自ら模索したが成功しなかった。一年以上も家をあけ、親や姉妹の家で過ごす妻との関係は、冷え切っていた。発見の翌々年に始まった大飢饉で、多くの同胞がたおれて行くのを傍観したまま、抽象的真理を追究し続けることへの懐疑もあったに違いない。ハミルトンはますます酒におぼれながら、数学研究に没頭した。自身の栄光のため、それ以上に飢饉に苦しむ祖国の栄光のため、彼は奮闘した。彼の死後、書斎いっぱいにうずたかく積まれた二百数十冊のノートや書類の間から、食べた肉の骨や、食べられないままひからびた肉がいくつも出てきたという。

老骨に鞭打《むちう》ち、執念に燃えた研究ぶりには、鬼気迫るものがあるが、四元数によりニュートンと肩を並べる、という夢はしぼみ、独創もすでに涸《か》れていた。苦心の末に完成した七百ページを越す大部の著、『四元数講義』は難解すぎて理解されなかった。簡単に分るよう要約を書いて欲しい、との数学者ド・モルガンや天文学者ハーシェルの要望に応《こた》えて書いた『四元数の基礎』は、八百ページを越える長さのため生前には出版されなかった。

誰にも理解されなかったため、討議する相手もいず、すべてを自ら発見し証明しなければならなかったのである。些末《さまつ》な迷路にはいることも少なくなかった。四元数発見から痛風と気管支炎により六十歳で逝《ゆ》くまでの二十年余りは、ハミルトンにとって辛《つら》い時代であったと思う。

その中にあって彼の心を慰めたのは、初恋の人キャサリンとの思い出だったかもしれない。彼は終生、キャサリンへの愛を抱き続けたのだった。彼女が不幸な結婚生活を送りながら、ハミルトンをいまだに慕っていることを、彼女の兄から聞いていただけに、なおさら思いが募ったのだろう。

四十五歳の時、キャサリンを見初めた、今ではすっかり荒れ果てた家を訪れた。黄昏《たそがれ》の光の中、彼女が二十六年前に立っていた、その床に接吻《せっぷん》をしたのである。

天文台の地下の納戸《なんど》に、若かりし彼女の肖像画があった。半袖《はんそで》の白いブラウスを着たキャサリンは、妻ヘレンとは全く異なり、柔らかな栗毛《くりげ》と透き通るようなピンクの肌の、やさしく知的な目をした愛くるしい女性だった。

実は四十三歳の時、キャサリンとの間に文通があった。ともに結婚している身で文通することに、大きな罪の意識を感じながら、二人は張り裂けそうな胸のうちを六週間にわたって綴《つづ》りあったのである。耐えきれなくなったキャサリンが十五歳年上の夫に文通を打ち明ける。この牧師はハミルトンに文通中止を要請する。ハミルトンは、ここでもあっけなく引き下がり、手紙を出さぬことを約束する。手紙の途絶えたことを悲しみ、キャサリンは大量のアヘン鎮痛剤を服用して自殺を図る。未遂に終ったが、彼女は以後、自殺を図ったという罪の意識にさいなまれ、ついに母親や兄弟とともにダブリンで暮らすことになる。かなり自由になったキャサリンが、たった数マイルの所にいるというのに、彼は罪の意識から会おうとしなかったのである。

ハミルトン四十八歳の時、彼はキャサリンからの贈り物を、その兄からもらう。包みを開くと、鉛筆ケースが入っていて、その表にこう書かれていた。

「あなたが忘れてはならない者、冷たくしてはいけない者、そしてあなたにもう一度会えたら満ち足りた気持ちで死んでいける者より」

ハミルトンは彼女のもとに駆けつけた。

キャサリンは死の床にいた。他人の妻に会うという、当時にあっては罪を問われかねない危険を冒して、彼女を見舞ったのである。暖炉のそばのソファに運ばれ、彼女は力なく横たわっていた。その時の模様をハミルトンは後に詩に託している。

憶《おぼ》えているでしょうか
ずっと昔のあのできごとを。
忘れられない思い出が
今もあるかと知りたくて。
「もちろんです」と悲し気に
やつれた身体《からだ》をどうにか支え。
一途《いちず》の愛がよみがえり
力をしぼり「もちろんです」ともう一度。
恋する少年のあの緊張は
彼女の気高い胸の奥底に
若い日々そのままに生きていて
十年の三倍ものあいだ
胸の小箱に秘められて。

ハミルトンは跪《ひざまず》き、「私の生涯を捧《ささ》げた仕事です」と言い、『四元数講義』を捧げる。立ち上がった彼の手を取り、キャサリンはそっと唇を押し当てる。そこで二人は、生まれて初めて、静かに唇を合わせる。

ハミルトンはもう一度だけ彼女を見舞う。キャサリンはその二週間後に、世を去る。その報に接するやハミルトンは、半ば取り乱しながら、キャサリンの遺髪や詩などを彼女の兄に求めた。彼女はハミルトンからの手紙を、ベッドの中に隠していた。彼はキャサリンの肖像画を借り、それをダブリンでこっそり模写させたりもした。納戸にあったものはその時のものかもしれない。そして悲しみから一瞬でも逃れるため、毎日、時には日に二度も、近い友達たちに哀しく熱い胸の内を綴っては送った。そして模写した肖像画を、鏡に映してみた方が実物に近いということで、一日中鏡に向かい、いろいろな角度から眺めていたりした。

三十年前の恋である。二人だけで会うことも自由に手紙を書くこともままならないいま、これほど長い年月、これほどの烈《はげ》しさで想い続ける、というところにハミルトンの真骨頂がある。まさにこの強烈な情緒と執念を持って、彼は数学に立ち向かったのである。自ら発見した特性関数に魅せられた彼が、十年余りもそれに執着し、光学から力学の全分野の理論へと拡張したのも、四元数の劇的発見に酔いしれた彼が、二十年余りもその応用に精魂を傾けたのも、この情緒と執念であった。

しかし同時にこの二つのものは、最愛の人を失った傷を深いものにした。またその人が他人の妻であるという罪の意識も加わり、晩年の彼はより一層アルコールへと傾斜していった。

＊

遥《はる》か届かぬ人への一途の想い、私は妙に胸が塞《ふさ》ぐままに天文台を辞し、待たせてあったタクシーで四元数発見のブルーム橋へ向かった。天文台から三キロほどの、田園を貫く運河にかかる小さな石橋であった。タクシーを止めると、歴史的発見の現場にたどり着いた興奮のためか、私は走り出した。橋のたもとの土手を下り、橋の直下に回ると、幅五メートルほどの小さな運河に面した壁に、碑文が埋め込まれてあった。

「ここにて、一八四三年十月十六日、ウィリアム・ハミルトンは、天才の閃きにより、四元数の基本式を発見し、それをこの橋に刻んだ。$i^2=j^2=k^2=ijk=-1$」

と記してあった。ハミルトン自身の刻んだ式はみつからなかったが、壁にそっと手を触れると、彼の人生における最大の歓喜が、指を通して電気のように私の胸まで伝わった。ハミルトンの散歩道だった運河沿いの一本道を、私は歩き始めた。歩きながら、この一本道は、歓喜とともに、涙をも滲《にじ》ませた一本道であると思った。栄光と悲劇の一本道は、ハミルトンが通り、アイルランドが通った一本道であった。私は行きつ戻りつしながら、次第に足の重くなるのをしきりに感じていた。

どのくらいたっただろうか、どこかから「大丈夫ですか」という声が聞こえた。振り返ると橋の上で、タクシー運転手が私を見下ろしていた。黙ってうなずく私の表情に何かを察したのか、「いやごゆっくりどうぞ」と慌《あわ》てて言うと、橋の向うに消えた。

インドの事務員からの手紙
―シュリニヴァーサ・ラマヌジャン―

シュリニヴァーサ・ラマヌジャン

Srinivasa Ramanujan
1887-1920

マドラス空港に着いたのは真夜中だった。飛行機が着陸し停止すると、いつもは安堵《あんど》と期待で胸が満たされるのだが、この時は緊張で身体《からだ》が引き締まった。インドに関して、ありとあらゆる噂《うわさ》を耳にしていたからである。インドに行った後なら世界中どこへでも行ける、というような話が多かった。

インドを一週間ほど訪れることになったのは、この国の生んだ天才数学者シュリニヴァーサ・ラマヌジャンについて調べるためだった。

一八八七年に南インドで生まれた彼は、ほとんど独力で数学を学び、高校を出るとマドラス港湾局の経理部員として勤めるかたわら、数学研究を続ける。発見されたおびただしい定理や公式はノートに書き留めておかれたが、それを見た上司や友人が、しかるべき学者に真偽と価値を調べてもらうようラマヌジャンに勧める。インドには判定できる者がおらず、宗主国イギリスの一流学者達に、研究結果の一部を送ることにする。

その一人が、ラマヌジャンの研究分野における世界最高の権威、ケンブリッジ大学のハーディ教授だった。ハーディは、奇妙な公式群の中に、いくつかの誤りや、既知と見なされるものを素早く見つけた。ゴミ屑《くず》箱に捨ててしまおうとした矢先に目に止まったのが、以前自ら証明したが発表を見合わせていた公式だった。その日の夜、同僚のリトルウッドと手紙に書かれた未知の公式を本格的に検討し、「大天才発見」の確信を持ったのだった。

翌年ラマヌジャンはケンブリッジ大学に招聘《しょうへい》され、ハーディとの共同研究に入る。夢の中にナーマギリ女神が現れて新定理を告げると言って、彼は毎朝ハーディの研究室に、半ダースほどの新しい定理をもって現れた。一年に半ダースも発見できれば優秀な数学者と言えるから、まさに驚異的である。

大学で正規の数学教育を受けていないラマヌジャンは、証明の必要性はもちろん、その概念さえよく分っていなかった。彼の発見した定理にハーディが厳密な証明を与え、論文にするという形の共同研究だった。次々に独創的な共著論文が発表された。大数学者ハーディをして後に、「私の数学界への最大貢献はラマヌジャン発見である」と言わしめるほどだった。

途方もない天才ラマヌジャンを生んだ土地と人々への興味、それに冒険心も加わって、私はインド行きを決心したのだった。

国際空港の華やかさからは縁遠いマドラス空港の、殺風景なロビーを早足で通り抜け、型通りの入国手続きをすませた。空港係官に両替所を尋ねると、待合室の隅を無言で指さす。見ると確かに両替所と大きく書いてある。明かりが消えているので、「閉店のようだが」と言うと、「開いている」と答える。両替所の窓口から中を覗《のぞ》いたが何も見えない。かまわず「両替をお願いしまーす」と暗闇《くらやみ》に向かって大声で叫ぶと、奥の床で白い物が不気味に動いた。所員のワイシャツだった。

勤務時間に眠っていた所員は、悪びれもせずたっぷり時間をかけて、サンダルをはき眼鏡をかけ、明かりをつけ、電卓とノートを持って窓口に坐《すわ》った。大きなあくびを一つしてから、面倒くさそうに私から二万円を受け取ると、しばらくしてルピーの分厚い札束を差し出した。計算間違いを心配して検算をしてみたが、さすがはラマヌジャンの国だけあって、全く正確だった。

空港からホテルまでの交通手段が問題である。タクシー以外にないのだが、これがあまり信用ならないらしい。規定の三倍の料金をふっかけられた話、法外な料金支払いを拒否した者が深夜の見知らぬ村で降ろされてしまった話、一人で乗ったスチュワーデスが……、といくつもの話が頭に入っていた。旅に出る前から、深夜の空港で乗らねばならぬタクシーのことは気になっていた。せめて明るいうちに到着すればよいのだが、マドラスへ乗り込む便のほとんど全《すべ》てが、なぜか深夜到着便だったのである。

公正な料金が定められ、安全と言われる空港タクシーのチケット売場を探した。閉店していたら雲助タクシーしかない。玄関出口横に看板を立て、男がチケットを売っていたのでホッとした。二十キロほど離れた市内のホテルまで、エアコンなしなら二百二十ルピー（約七百円）と言う。安い。エアコン付きは二倍ほどで、日本に比べれば大いに割安なのだが、二十キロを七百円と聞いただけで、すでにインドの物価に慣れてしまったらしく、窓を開いて涼みながら行こう、とエアコンなしを買う。男に「どのタクシーに乗るのか」と尋ねると同時に、背の低い四角張った顔の男がどこからか現れ、ついて来い、と指で合図をして歩き始めた。

一言も言わず無愛想である。ポロシャツ、半ズボンにゴムサンダル、という出《い》で立ちのこの男について玄関を出たとたん、一瞬足のすくむ思いがした。そこは広場兼駐車場だが、疲れ果てた旧式のタクシーが所狭しと客待ちしている。車と車の間には、午前零時を過ぎたこの時間に何をしているのか、人間でいっぱいである。どちらに目をやっても虚《うつ》ろな表情の老若男女《ろうにゃくなんにょ》で溢《あふ》れている。広場横の草上で、坐って赤ん坊に乳をやっている女性や、ボロをまとって眠っている人々は、この広場をねぐらにしているのだろう。外灯が少ないため暗い。二月中旬といってもかなり暑い。暗く淀《よど》んだ熱気の中に無数の目が異様に光る。

薄暗い混雑の中を男は、後も振り返らず、人と車の間を縫うようにせっせと歩く。これまでに出会ったこともない光景に気を取られていると、迷子になる。いざという時に備え、敏速に動けるよう、リュック一つにまとめたので助かる。はぐれぬよう早足で歩いていたら、いつの間にか足のすくみがなくなり、外国到着時にいつも抱く、「日本人だ、文句あるか」の気持ちになっていた。

案内人の男は薄汚れた車の横で歩を止め、窓から突き出た二本の足を叩《たた》いた。座席に横たわり眠っていた運転手が大儀そうに身を起こすと、案内人は行き先を告げた。タミル語でも固有名詞だけは分る。

私が車内に入ろうとドアを開けると、案内人が何か言いながら手を出す。チップと分ったが、大きな紙幣ばかりだったので、ポケットにあった小銭のすべて、三ルピーを渡すと、険しい目つきで「ノー」と言いながら私に突き返す。日本円に直せば十円だが、物価の安いインドなら日本での五十円以上の価値はある。日本からの旅行者が物価を考えないでこの何倍も与えているから、満足しないのだろう。しかし無言で一分ほど歩いた労働に対しては私の額の方が妥当である。そもそもチップをいくらあげるかあげないかは、こちらの勝手だ。感謝するどころか、拒否した上により以上を要求するとは何事だ。どうせ少々脅せば日本人など簡単、という了見なのだろう。こう思った私はカッとして、「要らないのならあげない」と語気鋭く言うとさっさと車に乗り込んでしまった。男は開いた窓から日本人をなめるとためにならぬことを教えてやろうと思った。私が無視していると、しくじったことに気づいたのか「一ルピーでいい」と言う。私はその男の顔にこちらの顔を近づけて、大声で「ノー」と怒鳴ると、運転手に「ホテルへ」と出発を催促した。

車は人に触れるようにして広場の雑踏をやっと抜けると、まっすぐの薄暗い道路を走り始めた。見知らぬ男が一人、助手席に坐っている。出発間際《まぎわ》のどさくさに乗り込んでいたのである。二人で何かを共謀かとも勘ぐったが、私一人でどうにかなりそうな二人なので、大目に見ておく。運転手の友人がちゃっかりタクシーでヒッチハイク、ということのようだ。それでも途中で降りた時はホッとした。

空中分解しそうなきしみ音には閉口したが、バッテリー倹約のためライトをつけず、ガソリン節約のため信号のたびにエンジンを切るのにはあきれた。片側三車線ほどの広さだが、乗用車のほかにトラック、バス、自転車、リクシャー（自転車の後にふたり乗りのシートをつけたもの）、オートリクシャー（オートバイの後に同じものをつけたもの）、さらには牛車、牛までがいて、実質は二車線あるかないかである。

交通規則が徹底しておらず、自転車、人間、牛などがひっきりなしに道路を斜め横断する。タクシーはクラクションを鳴らし続けて走る。時には急ブレーキもある。砂埃《すなぼこり》と排気ガスがひどい。エアコンがないから、窓を閉めるわけにもいかない。道路脇《わき》には掘立小屋が並び、空き地や歩道にも人や牛が寝ている。夜中の一時近くというのに人影が絶えない。

私には何もかもが強烈で、声にもならずただ目をみはっていた。次第に初期の衝撃が弱まると今度は、この混沌《こんとん》と大天才ラマヌジャンとがどうしても結びつかず、心中狼狽《ろうばい》した。このような無秩序の巷《ちまた》から、あのように整然と美しい幾多の公式が生まれた、ということが想像を絶したのである。

「応仁《おうにん》の乱の頃の日本がきっとこんなだったろう」と思ったり、「この国には、人間の原点を覗くことができるという、ふしぎな魅力がありそうだ」と思ったりした。

「いずれにせよ時計を五時間半戻したのは間違いだった。五世紀半戻さねばならなかった」と思うと、着陸して初めて顔がほころんだ。私は膝《ひざ》においたまま、両手でしがみつくように抱えていたリュックを脇に移した。

南インドの中心都市マドラスは、イギリスによって開かれた土地である。ヴァスコ・ダ・ガマ以来一世紀にわたり、綿布や香料を中心とするインド貿易の主役は、ポルトガルだった。一五八八年にスペインの無敵艦隊を破った新興勢力イギリスは、その海軍力を背景にアジアへ乗り出そうと、一六〇〇年に東インド会社を設立した。

　喜望峰以東の貿易を特権的に認められたイギリス東インド会社が、南インドの東海岸に交易の拠点を確保しようと、一六三九年、砂浜にあった小さな漁村を領主から租借したのが、マドラスの始まりである。良港に恵まれているわけでも、風光明媚《めいび》というわけでもなく、ただこの近辺の綿布が他より安い、という理由からこの地に商館と要塞《ようさい》が作られたのである。

　南インドの綿布はキャラコと呼ばれ、西洋諸国や東南アジア、そして日本にまで運ばれ、もてはやされていた。キャラコに縦縞《たてじま》を入れたものは桟留縞《さんとめじま》と呼ばれ、江戸時代の人々に人気だったが、これは主にポルトガル人が日本にもたらしたものである。

　ポルトガル商館は、イギリス商館から南へ五キロの地にあり、ここを彼等はサントメ地区（今のマイラポール地区）と呼んだ。ここは紀元一世紀に、キリスト十二使徒の一人、聖トーマスが殉死したと言われる地であり、聖トーマスはポルトガル語でサントメと言うのである。ここのサントメ教会で私は聖トーマスの骨なるものを見たが、恐らく眉唾《まゆつば》物《もの》であろう。ともかくサントメが桟留になったのである。

　イギリス東インド会社の進出後、まもなくマドラスはカルカッタ、ボンベイと並ぶインド三大都市の一つとなり、これらを中心に東インド会社は先発のポルトガルとオランダを追い落とした。一七五七年にはプラッシーの戦いでフランス・ベンガル太守連合軍をも破り、インド貿易を独占するばかりか、ベンガル地方の支配権や徴税権までを握るに至った。貿易だけでなく、主権までを持つ、特異な性格の会社となったのである。

東インド会社は、インド人から徴収した税金を元手に、インド製品を買い付けて欧州に輸出したり、アヘンを栽培し中国へ輸出したりと、濡手《ぬれて》に粟《あわ》の商売で巨利をむさぼった。その一方で軍事的征服を怠らず、支配権はほぼ全インドにまで広まっていったのである。

ちょうど百年後の一八五七年、東インド会社のインド人傭兵《ようへい》が大反乱を起こした（セポイの乱）。海外派兵と新銃使用を拒否したのである。海外へ出ることは、カーストの掟《おきて》にそむく。新銃への弾丸装塡《そうてん》には、弾丸包みを嚙《か》む必要があり、包みには牛脂や豚脂が塗ってあった。牛脂はヒンドゥー教徒が、豚脂はイスラム教徒が拒否したのである。イギリスは、セポイの乱に本格介入し、弱体化していたムガル帝国を滅ぼしたが、翌年、喧嘩《けんか》両成敗ということで、東インド会社を解散した。公平なようだがそこがイギリスの狡猾《こうかつ》さで、何のことはないインドはイギリスの直轄《ちょっかつ》植民地となったのである。

直轄となっても、インドは搾取《さくしゅ》され続けた。乏しい財政収入の約四分の一は、本国費という名目で英国へ貢納されていたからである。十九世紀後半から二十世紀初頭にかけて、英国財政がどうにか黒字を保てたのは、インドのおかげだった。インドはイギリスの生命線であり、そこを死守することがイギリスの国際戦略の基本だった。

　イギリスに留学して自由を学んだ人々、特にガンディーとネルーの指導の下で、インドは一九四七年に独立したが、それはパキスタンとの分離という、計り知れぬ犠牲のうえでなされたものだった。独立後も経済はさして改善されていない。ネルー主導による何度かの五ケ年計画は次第に色あせた。社会主義的とも言える統制経済は、外国資本の流入を妨げたため、九〇年代に入りとうとう破綻《はたん》した。一人当りGNPは、日本の百分の一にも達しない（一九九四）。

　食糧穀物の生産高は、ここ四十年間で年率二・三パーセントの増加をみたが、人口の方も年率二・二パーセントの増加をみたため、事態はほとんど改善されていない。食糧事情は極端に悪く、国連調査では、五歳未満の子どもの五十三パーセントが栄養不良と報告されている（一九九六）。この数字は、アフリカの最貧国より悪いという。五歳未満の死亡数は毎年三百万人にも上っている。食糧増加と人口増加がほぼ等しいのは、偶然ではなく、食糧増加分を超える人々が餓死してきたことによる必然ではないだろうか。

　政治も不安定である。独立直後にガンディーは暗殺され、ネルーの娘インディラ・ガンディー首相も、その息子のラジブ・ガンディー首相も凶弾にあって死亡している。友好国として頼りにしていたソ連は潰《つぶ》れてしまった。何と言っても最悪は人口増加である。ラマヌジャンの頃、一九一一年に二億五千万だった人口が、一九九六年には九億五千万になっている。ここ五年間だけで、一億も増えているのである。戦慄《せんりつ》すべき増加と言える。これでは、政治も経済も打つ手はない。

写真で見るラマヌジャンの頃のマドラスは、どこか閑散としている。ここも例外でなく、五十五万から現在の五百五十万へと、急激な人口膨張を見せたのである。

＊

ラマヌジャンは一八八七年十二月二十二日、南インドの田舎村イロードゥにある、母の実家で誕生した。母親コーマラタンマルの父親は地方裁判所の役人だったが、先祖には、王様から褒美《ほうび》をもらうほどのサンスクリット学者もいたらしい。

父親は、その父親と同様、マドラスから南に二百五十キロほど下ったクンバコナムという町の、織物屋の店員だった。息子の誕生の知らせを手紙で知った父親は、早速、クンバコナム随一の占星術師の所へ、ホロスコープを読んでもらいに行った。この占星術師はそれをゆっくり眺め、なにやら計算すると、少し不思議そうな表情で、「この子は名声高い学者になる」と言った。

喜んだ父親が、このことを、実家から赤ん坊とともに戻った母親のコーマラタンマルに知らせたところ、彼女は少しも驚かなかった。占星術や手相学の専門的知識を身につけていた彼女は、自分ですでに読んでいたのである。

クンバコナムに戻ったラマヌジャンは、家で祈禱会《きとうかい》を催すほどに信心深い母親に、一人息子として溺愛《できあい》されながら育っていった。チーナスワミ（小さな御主人様）と両親は彼を呼んでいたから、相当な可愛《かわい》がりようだったのだろう。

コーマラタンマルの写真は一枚だけ残っている。中年の頃だろう、太り気味の身体を暗色のサリーで巻き、両手を椅子《いす》の腕にのせて坐っている。裸足《はだし》の足は床にやっとつくほどだから、背は低かったろう。丸顔だが口をきりっと閉め、こちらを眼光するどくにらみつけている。小首を右に傾ける癖はラマヌジャンと同じである。只者《ただもの》ではない迫力を漂わせた女丈夫である。

ラマヌジャンの家は貧しかったが、正統派バラモンに属していたから、バラモンとしての教育がなされた。コーマラタンマルは幼少の彼を毎夕、そばのサーランガーパニ寺院へお祈りに連れて行くほか、「マハーバーラタ」や「ラーマーヤナ」など、ヒンドゥー教の大叙事詩を物語風に聞かせた。口承が三千年来の伝統とは言え、彼女は何千ページからなるこれら書物の、かなりの部分を暗誦《あんしょう》していたという。同時に、氏神であるナーマギリ女神への尊崇を教え、カーストの掟を徹底的に体得させた。

インドにおけるカーストは、ヴァルナとジャーティの二系統に分れる。ヴァルナは四姓制度とも言われ、創造神ブラーフマンの口から生まれたバラモン（祭官）、腕から生まれたクシャトリア（武人）、腿《もも》から生まれたヴァイシャ（庶民）、足から生まれたシュードラ（隷民《れいみん》）の四つを意味する。これは二千年ほど前に著された『マヌ法典』にも記されている階級制度である。この四つに入れない人々はアウトカースト（不可触民）と呼ばれている。一方ジャーティは、地域の日常生活と密接に関った職業集団である。理髪師ジャーティとか洗濯屋ジャーティ、蛇使いジャーティなど、二千以上もあると言われる。

ヴァルナとジャーティの組み合わせであるカーストは、すべて生まれにより決定され、所属カーストから追放でもされない限り一生変らない。最近は少し弛《ゆる》んできているが、原則として人々は世襲的に固定された職業につき、他のカーストの者とは結婚はもちろん、食物の授受、共食、共飲さえ厳しく制限される。

カースト間の序列は「浄と不浄」により定められている。不浄な現象には、死、排泄《はいせつ》、出血など、不浄なものには、鉄や土などがある。これらに触れるのは低いカーストである。衛生状況のかなり悪いインドで、浄不浄もおかしいが、不衛生になりやすい気候風土だからこそ、自己防衛の知恵としてそんな考えが生まれ発達したのかも知れない。

カーストの最上位はバラモンであり、最下位が共同井戸の使用や寺院への出入りさえ禁じられたアウトカーストなのである。実は浄と不浄の定義は明確でなく、従って序列も最上位と最下位以外は明確でない。菜食など、バラモンの風習をより多く取り入れたり、祭式をより頻繁にバラモンに執行してもらうと、カーストの序列が上昇するとも言われる。序列が下の、すなわち不浄とされるカーストの作ったものを食べることは堕落だから、同等と見られているカースト間では、浄性を競って相手の食物を拒否したりするという。

二千年以上もの間、バラモンは主に司祭、サンスクリット学者、托鉢僧《たくはつそう》などの仕事に携わってきた。それが、ラマヌジャンの生まれた十九世紀末には、イギリスの植民地政策により新しく生まれた職業、教師やジャーナリスト、官僚などの知的専門職にもつくようになっていた。その頃、全人口の四パーセントほどしかいなかったバラモンが、マドラス大学卒業生の七十パーセントを占めていたことからもそれは推察される。

母親のコーマラタンマルは、幼少のラマヌジャンを連れ、南インド各地を巡礼行脚《あんぎゃ》し、バラモンとしての誇りと菜食主義をたたき込んだ。肉だけでなく、魚も卵も口にしない、という最も厳格な菜食主義であった。そして彼の前髪を剃《そ》り、後頭部にタフトゥと呼ばれる房だけを残し、額にはカーストの印ナーマムを練粉で描いた。これは白い大きなUの字と、真中の赤い縦線とからなり、それぞれヴィシュヌ神の足とその配偶者を象徴する。

ヒンドゥー教徒はたいてい、破壊と再生の神シヴァあるいは維持と慈愛の神ヴィシュヌのどちらか一方を信じている。ラマヌジャンはヴィシュヌ派である。ヴィシュヌ神は多数の化身を持っている。その一つにライオンの姿をしたナラシムハ神があるが、その配偶神が先の女神ナーマギリなのである。

三歳まで話さなかったラマヌジャンは唖と間違われたというが、母方の祖父にタミル文字を米粒で教わってからは、すぐに話せるようになったらしい。わがままで依怙地《いこじ》な肥満児だった。インドは、昔も今も肥満児などいない国だから、よほど親が甘やかしたのだろう。

子供の頃の彼は学業で図抜けていたが、所詮《しょせん》南インドの田舎学校のことであり、特筆すべきものではなかろう。ただ十歳の時、家に下宿していた二人の大学生に、数学を少し教わったらしい。あっという間に理解したうえ、大学の図書館から三角法や微積分の本を借りてこさせ、これらもすぐにマスターした。十二歳の時にはその大学生に教えるほどだった。これも特に驚くべきことではない。このような早熟児は、いつの時代どこの国にもよくいるからである。

友人には好かれていた。大勢の中では生来の恥ずかしがり屋のため、口を閉ざしていたが、仲良しの前では饒舌《じょうぜつ》で、ユーモアやだじゃれが得意だった。ただ、ユーモアのクライマックスに至る直前に、自ら吹き出してしまう癖があったため、よく「最後のところをもう一度」と注文されたらしい。

十五歳の時に出会った、カーの『純粋数学要覧』が人生を変えた。この書物は、無名の数学者カーにより著された、トライポス（ケンブリッジ大学卒業試験）受験生のための手引書である。大学初年級までに習う六千余りの公式や定理が、ほとんど証明なしに並べられている。証明があっても、「何番と何番より」とか「どこそこを見よ」という程度のもので、そこに挙げられた書物はたいていクンバコナムになかった。

学問的には無価値の書だが、ラマヌジャンはこれに没頭し、パズルを解くように、雑多な定理を次々に自力で証明した。方法論が何も示されていないため、彼は独自の方法を編み出していった。そしてその過程で、関連する新しい定理を続々と発見していったのである。

公式や定理を理路整然と上から解説されるのではなく、自ら挑戦することで、才能への点火がなされたのである。観光バスで名所旧蹟《きゅうせき》を回らず、彼は地図を頼りに、手探りで道をさがしながら、それらの場所にたどり着いた。その過程で、諸定理を自らの血肉にしたばかりか、長く苦しい思考の後に訪れる、発見の鋭い悦《よろこ》びを充分に味わった。学問的に無価値の書物が、天才を育てるうえでは最大の効果を発揮し、ラマヌジャン生みの親となった。こうして、新しい広大な世界へ、彼は歓喜とともに踏み入ったのである。

『純粋数学要覧』との出会いは、結果的に優等生ラマヌジャンとの訣別《けつべつ》ともなった。十六歳の時、高校時代の目覚ましい成績により奨学金つきでクンバコナム州立大学に入学するが、数学以外への関心を失った彼は、片端から落第点をとる。間もなく奨学金は止められ、コーマラタンマルの強烈な抗議も効を奏さず、一年で退学する。

最上位カーストであることと、貧富は無関係である。ラマヌジャンの家は、時には近所に米を恵んでもらわねばならぬほど貧しかった。狭い家に学生を下宿させたのも、コーマラタンマルが聖歌団で歌っていたのも、金策に困ってのことである。奨学金停止は退学を意味したのである。

十七歳のラマヌジャンは、生まれてはじめての挫折《ざせつ》によほど傷ついたらしい。家出をしてしまったのである。マドラス北方数百キロのヴィシャカパトナムで、奨学金付きの大学入学を当っていた。ここはタミル語とは文字まで異なるテルグ語圏である。意志疎《そ》通《つう》もままならなかったに違いない。世間知らずの発作的行動であったが、それほど彼は大学へ行きたかった。

息子の失踪《しっそう》に気も狂わんばかりの母親が、新聞の尋ね人に広告を出したり、父親が心当りを探し回ったりした。一ケ月ほどたって無事帰宅したが、自尊心を傷つけられることに耐えられない、という彼の性向を示す事件であった。小学生の時にも、算数の試験で一点差の二番になったというだけで、一番をとった友人に暴言を吐いた後、「もう駄目だあ」と泣きながら帰ったこともある。

十八歳になったばかりのラマヌジャンは、気を取り直して南インドの都マドラスへ出た。当時のインドでの出世の道は、FA試験（短大卒業レベルの試験）に合格することであった。その頃FA試験は難関で聞こえていた。準備のため彼は、祖母の家に寓居《ぐうきょ》しながらパチャイアパズ大学に入学しよう、と考えた。問題は奨学金だったが、ここで数学がはじめて現実の役に立った。『純粋数学要覧』の定理を自力で証明しながら、彼は新しい定理や公式を発見するたびに、ノートに書き留めていたのである。

ある時はクンバコナムのボロ屋の軒先で、ある時は近くのサーランガーパニ寺院の石床に坐《すわ》り込み、瞑想《めいそう》にふけった結果である。あぐらの膝《ひざ》の上に石板を置き、白い石筆で数式を書いては肘《ひじ》で消す、ということを繰り返した成果である。石板とは、大学ノートを開いたほどの大きさの、小黒板の如《ごと》きもので、紙を買えない子ども達により、今でも広く用いられている。消すための布を探す手間を惜しみ、いつも肘で拭《ふ》き消すのが彼の癖だった。きれいな結果が出ると、首を振りながら何か独り言をつぶやいてから、ノートブックに書き写したのだった。

このノートブックを、わらをもつかむ思いのラマヌジャンは、パチャイアパズ大学の数学教師に見せた。仰天したこの教師の取り計らいで、首尾よく奨学金を受けることができたのである。

念願の入学は果したが、数学への狂熱は冷めていなかった。数学教授を感服させたものの、FA資格を携えての出世、という当初の目的はすっかり忘れてしまった。数学で満点をとったものの、この年も翌年もFA試験に落第したのである。

十九歳の青年ラマヌジャンは、深い失望の中でクンバコナムの実家に戻る。実家の家計は、父親の安月給と母親のアルバイト代、それに下宿学生の部屋代だけが収入で、八歳と二歳の弟達をかかえ、その日の食物に窮するほどだった。米を切らし、朝食を抜くことさえしばしばだった。そこへ特製の大きな石板をかかえ考え込むばかりの、ラマヌジャンが加わったのである。お米を無心したり、他人に昼食をもらう、衣料を買ってもらう、などということが多くなった。お布施《ふせ》をもらうことに慣れているバラモンとは言え、しばしばでは心苦しかったであろう。

親孝行のラマヌジャンは、少しの足しにでもなればと、家庭教師を始めるが、試験突破対策を離れてすぐに数学の本質へと脱線するので、次々にクビになってしまう。

FA試験を目指していたサーストリとだけは気が合ったようで、後にサーストリはこう言っている。「三角法と代数、幾何を習ったが、いきなり微積分を使ったりでね。でも前に教わった解法を忘れたとか分らないというと、必ず新解法を教えてくれました」。FA試験突破のため、FA試験落第者をコーチに選ぶとは、サーストリも大人物ではある。

十六歳のクンバコナム大学時代から、パチャイアパズ大学を経て、クンバコナムでぶらぶらしていた二十二歳までの六年間は、前途に何の光も見えないまま、空《す》きっ腹と石板を抱えていた時代であった。前途有望の少年が、純朴さを愛してくれる人々にすがって生きるだけ、の青年へと堕《お》ちていく時代だった。赤貧洗うが如き生活の中で、誰も理解し得ない数学に明け暮れる失業者同然の息子を、両親は温かく見守っていた。逼迫《ひっぱく》した家計を尻目《しりめ》に数学研究に耽《ふけ》るラマヌジャンにも、狂人と思われかねない息子のそんな生活を許容する両親にも、物質より精神を上とするバラモンの価値観が働いていたのだろう。バラモン二千年の伝統が、かろうじて「ラマヌジャン」を生かしていたのであった。

導いてくれる人も書物もない中で、ノートブックだけが膨んでいった。このうす汚れたノートブックが、世界の数学界を驚倒することになろうとは、ラマヌジャンを含め誰も知らなかった。

ヒンドゥー教の規範『マヌ法典』は、男子の生活期を四つに分けている。ヴェーダ学習を中心とした知的教養を積む学生《がくしよう》期、結婚して祖霊祭を執行し男子を設ける家長期、人里離れた所に隠居して瞑想にふけるべき林棲《りんせい》期、そしてその森をも捨て巡礼をつづけ解脱《げだつ》をめざす遊行《ゆぎよう》期である。今日これは理想であり、現実に林棲期と遊行期を実行するものはごく少数だが、家長期における三つの義務は今も健在である。

二十一歳になった息子ラマヌジャンを見て、コーマラタンマルはそろそろと思った。息子の天才を開花させ、それを世間に認知させるにも、一人前になった方がよい。そう考えたコーマラタンマルは動き始める。

インドにおける結婚は、一般的に男性側の買手市場である。そして今も昔もほとんどの場合、見合い結婚どころか、親達がすべてを決める「お膳立《ぜんだ》て結婚」である。まず第一に親戚《しんせき》縁者や知人から紹介された、花嫁候補者のカーストを調べる。マヌ法典では、結婚は原則として同一カーストでなければならないこと、そして異カースト婚の場合、女性が下位ならどうにか許されるが、女性上位は御法度《はっと》とされている。次にホロスコープが合っているか、占星術師に見てもらう。天体の運行をもとに複雑な計算を用いて行なうから、素人《しろうと》には無理である。ついでダウリーとよばれる花嫁の持参財を打診する。

嫁入り道具と持参金にあたるダウリーは、現在では父親の年収をはるかに越えると言われており、花嫁の父親は大借金をして用意することになる。これの少ないことを責められた嫁の自殺や、嫁が死んで再婚すればまた大金が入るということで、嫁を焼き殺してしまうダウリー殺人事件が頻発している。父親の苦悩を見た三人姉妹が首吊《つ》り自殺をする、という事件もあった。

ダウリー禁止法は制定されているが、一向に実効なく、「娘が三人いると家には灰すらなくなる」と言われている。ダウリー絡《がら》みによる死亡者数が一日平均十七人、という統計もある。女児の幼児死亡率が高いこと、総人口における男女比が一〇〇〇対九二七と、国際的に見ても不自然なのは、ダウリーと無関係でないかも知れない。

最後に性格や容姿ということになるが、大体は親が調べることになる。今では写真をかわすこともあるが、結婚式ではじめて相手を見るというのがまだ多い。あるお寺で会った女子高生は、「結婚は親に決めてもらう」と事もなげに言った。「式で初めて見る相手が、ひどい醜男《ぶおとこ》のうえ性格まで悪かったらどうする」と意地悪な質問をしたら、「運命とあきらめる」と即座に答えた。これだから、この現代でもお膳立て結婚が続くのだろう。

ラマヌジャンも、母親が近郊の村から探し出した、遠戚の娘、九歳のジャーナキと結婚する。ホロスコープはコーマラタンマル自らが確かめた。

当時はヒンドゥー社会、特にバラモンの間に早婚の伝統が残っており、少女は五歳から十歳までに嫁ぐことが多かった。結婚式をすませた幼な妻はいったん実家に帰り、家事を習得し、初潮を見てから本当のお嫁入りをする習わしだった。

独立の父ガンディーはバラモンでなかったが、十三歳の時に同じ年齢の花嫁をもらっている。現在でも、若い女性の六十パーセントが初潮後まもなく結婚をしている。十五歳以下の結婚を禁止する法律はあるのだが、これもインド的と言おうか、効き目ないのである。

ジャーナキの場合も、十二歳までの三年間、実家に戻っていたから、ラマヌジャンの研究生活は結婚でいささかも変らなかった。ただ近未来の結婚生活を考え、彼は定職を探し始めるようになる。結婚をいつまでも喜んでいるわけにいかない、俸給《ほうきゅう》をもらえる仕事なら何でも、とまで思っていたが、郷里ではそれすら難しかった。

二十二歳になった彼は、同級生アナントゥの父親で、いつも金銭的援助を惜しまない弁護士から汽車賃をもらうと、きれいに整理したノートブックを小脇《こわき》に、マドラスへ出る。クンバコナムで教えたことのあるサーストリの下宿に居候《いそうろう》して、職探しを始める。大都会でなら、との期待は裏切られ、郷里にいた頃と同様、家庭教師で糊口《ここう》をしのぎつつ、友人知人の善意にすがるという生活に落ち込む。半年ほどして、意を決して訪れたのが、インド数学会を設立したばかりのR・イーヤーだった。副収税官をしていた彼は、ラマヌジャンのノートブックを見て胆《きも》を潰《つぶ》す。税務署で働きたいと言うラマヌジャンに、「ここでつまらぬ税金集めをしていては、せっかくの天才を潰してしまう」と言って、マドラス大学の数学教授に推薦状を書いてやる。

この教授もノートの内容には驚くが、どれほどすごいかは分らない。この教授から次の教授、そこからまた次とたらい回しにされる。推薦状ばかりが増えていく。大学中退のうえ、実力を保証するものがこのノートブックだけとあっては、天才か狂人かの判断がつきにくい。たとえついても経済的支援や職を与える、という具体化には至らなかった。

郷里の人々を頼っての居候生活が二年近くも続いたのである。その頃の彼をサーストリはこう回想している。「夜になるとよく惨《みじ》めな人生を嘆いていました。私が『素晴らしい才能に恵まれているのですから、皆が認めてくれるのを待つだけですよ』と励ますと、『多くの偉人が、ガリレオの如く尋問のうちに死んでいった。僕は貧困のうちに死んで行くのだ』と答えるばかりでした。私は『偉大な神があなたを見捨てるわけはない』と励ましたのです」

二十三歳になった頃、やっとパトロンが見つかった。クンバコナム高校の先輩で、ラマヌジャンの天才ぶりを知っている男が、州の大物官僚ラマチャンドラ・ラオに彼を紹介したのである。何度か面会し、ノートブックも見たラマチャンドラ・ラオは、ラマヌジャンには仕事より研究時間を与えるべきと考え、ポケットマネーから月に二十五ルピーを、奨学金として与えることにしたのである。多額ではなかったが、父親の月給より多く、他人の世話にならずどうにか一人で食べて行けるだけのものだった。

かくして、はじめて明日の食費を心配せずに、数学の思索に打ち込めるようになったのである。

結婚して以来、奨学金を得るまでに、ラマヌジャンの会った人々はほとんどすべて、バラモンであった。彼等は伝統的に学問への理解や憧憬《どうけい》を抱いている。だからこそ、薄汚ないドーティ(下半身に巻く白い布)を腰に巻き、ひげ面《づら》で、目だけを輝かせたラマヌジャンの話に、親身になって耳を傾けたのである。またふつうならとても近づけない大物に面会することができたのも、ラマヌジャンがバラモンだったからである。バラモンの連帯と価値観が、またもラマヌジャンを生かしたのである。

インド在住のある日本人商社マンとの会話を思い出す。

「現地採用をする時は、できるだけバラモンをとるようにしています。バラモンならどこの誰とでも会うことができるからです。一昔前までは、バラモンの家にアウトカーストが足を踏み入れた場合、そのアウトカーストは殺され、バラモンはカースト追放となったそうです。日本人の私は、無論カーストによる差別意識を持ち合わせていませんが、アウトカーストをたとえ雇っても、営業に置くことは決してないのです」

「カーストなどを就職試験の際に聞いたり書かせたりするのですか」

「いいえそれは法律違反です。実はそういうことに詳しいインド人にこっそり頼み、名前から判断してもらうのです。売ってなんぼの世界ですので仕方ありません」

この年、一九一一年は、インドがカルカッタからデリーへの遷都《せんと》を発表した年だが、ラマヌジャンにとっても飛躍の年だった。数学に専心できる態勢ができたうえ、「ベルヌイ数の諸性質」と題する処女論文が、ついにインド数学会誌に登場したのである。

この画期的論文が掲載されたことで、インド数学会では少し名を知られるようになり、翌年そのコネを用いて首尾よく、ベンガル湾に面した港湾局の、経理部員に採用されることになる。彼はここで理解ある上司に恵まれた。局長のスプリング卿《きょう》は、南インドの鉄道や港湾整備を総指揮した人物であるが、アイルランド出身のためであろうか、恵まれない者への同情心に篤《あつ》い人物だった。

そのうえ主任のナラヤナ・イーヤーは、クンバコナム近郊のティルチーにある大学で、数学講師をした経験さえあったのである。彼は上司であると同時に、ラマヌジャンと数学を語り合う同僚でもあった。彼の息子によると、しばしばラマヌジャンはナラヤナ・イーヤー宅を訪れ、夜遅くまで二階の手すりに腰かけ、大きな石板をそれぞれ抱えながら、数学をしていたという。

「深夜の二時頃にラマヌジャンが起き出し、何か書き始めたのを覚えています。父が何をしているのかと尋ねると、『夢に出てきた結果を忘れないよう記録しています』と答えていました。またある時、父が『君の書くことは、行間にあと十行ずつ書き足してくれないとさっぱり分らないよ。それでは君が天才であることさえ皆に分ってもらえない』と言うと彼は、『明々白々でもやはり書かねばならないんでしょうか』と答えていました」
ラマヌジャンの死後多くの人が、彼の天才をはじめから見抜いていたと語ったが、ナラヤナ・イーヤーこそが、その途方もない才能を実感し打ちのめされた最初の人であった。

仕事をそっちのけでラマヌジャンは数学に邁進《まいしん》した。主任のナラヤナ・イーヤーと局長のスプリング卿は、あうんの呼吸で、見て見ぬふりをしていたのである。事務処理に追いまくられる周囲など意にも介さぬ自己中心、事務室のざわめきの中で数学に没入する集中力は、天才の証拠である。

紙もふんだんに使えるようになった。三十ルピーの月給で、大いに自信を得た彼は、妻のジャーナキと母親のコーマラタンマルをマドラスへ呼びよせたのだった。結婚式から三年半ほどたっていた。

*

外国であれ国内であれ、新しい町を訪れた時、時間の許す限り散歩するのは私の趣味である。新しい町の風景や人間を観察するだけでも楽しいが、そこに暮らす人々の言葉や笑いを耳にすると幸せになる。そして何よりそこには新しい光と風がある。丸一日あいたりすると、地図を片手に二十キロも歩いたりする。私にとって理想の旅とは、見知らぬ土地を歩いて歩いて歩き回ることに近い。

渡印を前に、計画について相談したインド通が、「散歩する気になれない所です」と言った時は、不思議なことを言う人もいるもんだと思った。

マドラスのホテルから外へ一歩を踏み出したとたん、彼の意味が呑《の》み込めた。まず二月中旬というのに三十度以上の暑さである。道路はどこも、ありとあらゆる乗物であふれている。どの乗物も汚ない。あちらこちらペンキのはげた部分が錆《さび》つき、窓はあっても窓ガラスはないという、廃車置場から拾ってきたようなバスは、どれも満員で、人が入口にしがみついている。バスやトラックは、左右のどちらかに怖くなるほど傾いていることも多い。日本の道路を走って違和感のない車は十台に一台もない。これらポンコツ車が、リクシャー、オートリクシャーまで含め、ほとんどレースをしている。ひっきりなしに車線を変え、ちょっとした隙間《すきま》にもぐりこもうと、クラクションを鳴らし続ける。その間をぬうように人間や牛、犬、ヤギなどが横切る。舗装はしてあるのに、なぜかいつもうっすらと土埃《つちぼこり》が舞っている。規制がよほど緩いのか、むせ返るほどの排気ガスである。歩道にはしばしば人々が坐ったり眠ったりしている。糞尿《ふんにょう》の臭《にお》いが時折り鼻をつく。五分に一度は物乞《ものご》いが寄って来る。

たまらずホテルに戻った。インドの近代的ホテルは、街の延長線上になく、全くの別天地である。玄関を入るたびに私は、中世から現代に生還した感を持ってしまう。ロビーのソファに坐ると、やっと深呼吸をすることができた。二十分ほど歩いただけなのに、よほど緊張していたのか身体《からだ》がだるい。汗とほこりでまみれていても、シャワーを浴びるには多少の決心がいる。日本の水道水に比べ、細菌数は百倍と言われ、無菌に慣れた我々にとってはうがいや歯みがきにも使えない水である。マドラス在住のある日本人は、水道水を濾過《ろか》したうえ、二十分間煮沸したものを使っているという。気軽に一浴びとはいかない。

仕方なく、部屋には戻らず、ハイヤーを雇うことにした。物価の安いインドでは、一日八時間ほど市内近郊めぐりに使っても、三千円くらいのものである。エアコンなしならこれよりずっと安いが、暑さと土埃を考え高い方にした。

運転手は、アメリカ黒人に近い褐色の肌をした、ドラヴィダ人だった。ドラヴィダ人は、紀元前二三〇〇年頃、モヘンジョ・ダロやハラッパなどの古代都市に代表されるインダス文明を築いたと言われる民族である。

その後、紀元前一五〇〇年頃に中央アジアから侵入したアーリア人に押され、混血をくり返しながらも主力は南インドへと移動した。インドに侵入したアーリア人の『リグ・ヴェーダ』には、「皮膚が黒く鼻が低い先住民を打ち負かした」とあるから、アーリア人は色白でドラヴィダ人は黒かったのだろう。今でも北インドの人々に比べ、南インドの方が浅黒く鼻が低く背も低い。あごも小さくどこか親しみを覚える顔である。

言語面でも北インドは、ヒンディー語、ウルドゥー語を含むインド・アーリア語圏、南インドはタミル語やテルグ語を含むドラヴィダ語圏である。それぞれ全人口の七十四パーセントと二十四パーセントを占めているから、ほとんどのインド人はどちらかに属している。語圏などという言葉を使ったのは、インドでは現在、方言を除いても二百以上の言語が用いられているからである。これらは互いに単語や文法ばかりでなく、文字まで異なるという。

政府はこれらから重要なものを十八だけ選び、公用語としている。これらのうち、古典語であるサンスクリット語とイスラム教徒の話すウルドゥー語を除いた他は、地域性があり、それぞれの州で公用語となっている。国会では国語としての英語とヒンディー語だが、あらかじめ届け出ればどの公用語でもよい。ルピー紙幣は、英語とすべての公用語で表示、鉄道の駅は州の公用語と英語で表示されている。

この複雑さは今に始まったことではない。インドの歴史上、統一言語は一度も登場していない。古代のサンスクリット語は支配者層や僧侶《そうりょ》の言葉だったし、イスラム王朝で使われたペルシア語も、イギリス統治下での英語も、支配層やエリート達の言葉に過ぎなかった。この意味では現在の国語ヒンディー語も、国民の大半が話せないという点で、普通の意味の国語ではないのである。

ドラヴィダ人は、色白のアーリア人の奴隷《どれい》にされたうえ、何千年にもわたって差別されてきたという意識を持っている。従って今も北インドには対抗心があり、北インドに基盤を置く政府の施策に、しばしば反感を示す。そしてドラヴィダ人の代表を自認するのが、タミル人であり、マドラスやクンバコナムを含むタミル・ナドゥ州なのである。同じドラヴィダ人でもタミル語以外の言語を話す人々は、タミル・ナショナリズムに警戒感をもっているが、タミル人は構わない。紀元のはじめ頃、シャンガム文学と総称される膨大な詩文学を開花させたタミル語は、ほんの近代になって北インドで成立したヒンディー語とはわけが違う、とタミル人は強い自負を抱いている。彼等が「北インドの侵略」ととらえ暴動を起こしてまで抵抗するから、政府もヒンディー語を唯一《ゆいいつ》の国語と指定できず、英語を加えているのである。

なお、サンスクリット語と、ギリシア語やドイツ語などとの同根は知られているが、国語学者大野晋《すすむ》氏の『日本語の起源』（岩波新書）によると、タミル語と日本語の間にも強い類似があるという。特にシャンガム文学に現れる古典タミル語と、万葉集に現れる古典日本語との間のそれは濃厚という。氏によると、穀物栽培に関する言葉には、中国伝来のものは何一つなく、タミルのものが多く見出《みいだ》される。田んぼがタンパル、米がクマイ、糠《ぬか》がヌク、藁《わら》がバラなど多数の例があるばかりでなく、それらは、語根や音韻上からも対応していることが証明できるという。これらから大野氏は、中国の影響を受ける以前の紀元前数世紀の頃、南インドの人々が稲作、金属器、機織《はた》りなど当時の最先端文明を携え、海路渡来したとの興味ある仮説を立てている。紀元のはじめ頃、南インドがアラビア海のモンスーンを利用して、ローマと海上交易を活発に行なっていたことは、ローマ時代に著された天文学者で地理学者のプトレマイオスによる書物や、貿易の手引き書などから知ることができる。シャンガムの詩にも、「金貨を積んで来たローマの船が、胡椒《こしょう》を積んで出て行く」と歌われている。現に、マドラスの南一六〇キロのポンディシェリーでは、ローマ帝国からもたらされた陶器、青銅器、ガラス製品、ワインを運ぶ容器などが出土している。また南インドの各地で大量のローマ金貨が発見されている。南インド人はさらにベンガル湾を渡り、その頃マレー半島やベトナムとも交易をしていた。タミル人金細工師の名を記した試金石や、ポンディシェリで大量に発見されるビーズの首飾りなどがこの辺りで発見されている。南インドは海のシルクロードとも呼べる交易路の中心拠点だったのである。南インド人がもう少し足をのばし陸づたい島づたいに日本までやって来たとしても、少なくとも不思議ではないだろう。

北インドの人は南に比べ気が荒いと言われる。カルカッタに行ったことがあるが、確かに人々はとげとげしく攻撃的だった。ベンガル語自体がすでに攻撃的に聞こえる。何度かタクシーに乗ったが、そのたびにメーターを用いず法外な値段をふっかける、遠回りをする、帰りの分を要求する、などで何度怒鳴ったか分らない。商人も不誠実であった。マーケットに徘徊《はいかい》する強引きわまりない客引きにも閉口した。すべての支払をすませた美しいチェストが、日本まで送られてこなかったこともある。手紙で文句を言うと、郵送料が足りないのでさらに千ルピーを送金せよ、とのことだった。無論、カード会社に苦情をもちこみ、注文を取り消したうえ支払代金を全額返却させた。

北に比べれば、南の人の言葉や物腰ははるかに柔和で穏やかである。タクシーで不愉快な目に会うこともあるが、脅すような感じはない。悪辣《あくらつ》な商人にも会わなかった。物乞いでさえ異なる。カルカッタの物乞いは、「金持ならぐずぐずしないで貧乏人に金を与えるのが当り前だろう」という眼光だが、南の物乞いは、「ほんの小銭でも恵んでいただければありがたいのですが」と哀願するような眼差《まなざ》しである。確かに人種が違うのである。

友人のインド系イギリス人は、両親が北のデリー出身でありながら、「精神性に重きをおく南インド人の方が好きだ」と言っていた。故国を遠く離れた者は、インドの誇る恐らく最大のもの、ヒンドゥーの精神性、の色濃く残る南部により郷愁を覚えるのだろう。

マドラスで三日間ほど雇った運転手も、語尾に必ずサーを付けるのには戸惑ったが、女性的とも言えるほど穏やかな好青年だった。一つ面白い特徴があった。私が何かを言っている最中や言った後に、しきりに首を横に振るのである。「ノー」と言うはずのない時に振るから、しばらくは神経症的なもの、チックの類《たぐ》いと思っていた。何人かと会ってみて、どのインド人も同じように首を振ることが分った。「イエス」の意味だった。よく観察すると、欧米人や我々の「ノー」とは違っていた。我々の「ノー」は脳天から下に貫く軸を中心に回転するが、インド人の首振りは、鼻から後頭に貫く軸を中心に回転するのである。この紛らわしい首振りのおかげで、インド人はかなり損をしてきたように思える。

海岸通りに出た。その名の通り、海に面したこの道路は、マドラスで最も心地よい道路である。道路幅は広く、見晴らし良く、海からの風で排気ガスも臭わない。波打際《ぎわ》まではゆうに五百メートルはある広大な砂浜の向うに、真青なベンガル湾が横たわる。

この異常に大きな砂浜は、百年前にはなかったらしい。入江のない海岸に、大きな埠《ふ》頭《とう》が完成したのは一九一九年で、それ以後、潮流の変化の影響で砂浜が次第に広がったらしい。ラマヌジャンが住んでいた頃の写真を見ると、砂浜は幅二百メートルほどに過ぎない。そこではふんどし一つの男達が、強い陽光に肌を黒光りさせながら、マスラと呼ばれる長さ十メートルほどの艀《はしけ》を櫓《ろ》で操り、沖合に停泊する船との間を往復していた。陸揚げする荷物は、先端を砂浜に乗り上げたマスラから、男達が背に担《かつ》いで海岸通り沿いの集荷場まで運んだ。乗客の方は、バスケット型の大きなかごに仰向けに横たえ、男二人がかりで波のとどかない所まで運ぶのだった。

そんな光景を右手に見ながら、ラマヌジャンはこの海岸通りを、毎朝港湾局に通ったのである。

私が訪れた港湾局は、新しくつまらないビルに建てかえられていた。所員にラマヌジャンのことを聞くと、ブロンズ像のあることを教えてくれた。玄関を入ってすぐの階段脇《わき》に、黒い台石の上に置かれた金色の胸像があった。誰が彫ったのか、写真で見る本人にはまったく似ていなかった。台石には、「ラマヌジャンは一九一二年にここで働いた」と金文字で彫られてあった。数学者との記述もなく、名前の直後に、F.R.S（London）とだけ記してあった。イギリスの王立協会フェローのことである。ノーベル賞クラスの学者だけに与えられる称号であるが、インドでどれほどの人が知っているのかなと思った。ラマヌジャンの名より、この胸像の除幕をした都市開発庁長官の名が大きく、またそれよりこの除幕式に列席した海上輸送庁長官の名がさらに大きく刻まれているのは、珍しいスタイルと思われた。

港を見ようと、入口まで行くと、機関銃を持った兵士がいて通してくれなかった。すぐそばのスリランカの内政不安を受け、同じタミル人として警戒を強めているのだった。仕方なく、港湾局そばの跨線橋《こせんきょう》に登った。大きな倉庫が立ち並ぶ向うに、無数のクレーンが空に向かって、かたつむりの角のように立っていた。鉄道が倉庫のすぐ脇を通っており、そこには駅まである。インド西岸のボンベイからの列車も、南部からの列車も、すべてそのままこの港まで入れるようになっている。

マンチェスター、リヴァプール間に、世界初の鉄道が開通したのは一八三〇年だった。鉄道こそインド経営の鍵《かぎ》と考えたイギリスは、早くも一八四〇年代に、アジアではじめての鉄道建設をインドで着工したのである。綿花、胡椒《こしょう》、インド藍《あい》、火薬の原料となる硝石など、内陸の産物を港まで運び、イギリスの工業製品、特に綿織物などを内陸へ運ぶための鉄道だった。内陸部と港を結ぶ貨物輸送料金は、内陸部相互間のそれより割安にまでされていた。鉄道資材や機関車はすべてイギリス製だったし、ランカシャーの綿製品を大量に輸入することに役立ったから、鉄道建設はイギリスの貿易収支に大いに貢献した。実際、これと本国費により、十九世紀後半から二十世紀初頭にかけて、新興工業国ドイツやアメリカに対する膨大な赤字の穴埋めがなされていたのである。

イギリス人のために、インド人の労力と税金で作られた鉄道であったが、一日に四十キロくらいしか進まぬ牛車にたよっていたインドの交通を、鉄道は一気に近代化した。

そして今では総キロ数で世界四位の鉄道王国となり国民の最重要な足となっている。イギリスの作ったものは鉄道だけでない。主要道路はもちろん、街で見る美しい建物は、寺院を除いてほぼすべて、イギリス人により作られたものである。イギリスの帝国主義により、耐えがたい凌辱《りょうじょく》を受けたインドだが、ある面では恩恵をもこうむったのである。植民地とはそういうものだろう。

*

天才の噂《うわさ》も飛びかい始めたラマヌジャンの周囲の人々は、彼がどれほど非凡なのか、どう処遇したらよいのか悩んだ。ラマヌジャンの異常な才能を身近でひしひしと感じていた、ナラヤナ・イーヤーは、このままでは大天才が埋もれてしまうと本気で心配し、局長のスプリング卿《きょう》に訴える。ナラヤナ・イーヤーの知性や人柄に全幅の信頼をおいていたスプリング卿は、熱意にほだされ、正当な評価はどんなものかと、マドラス在住のイギリス人で数学専攻の者を探しては、ラマヌジャンの仕事を批評してもらったり、本人に会ってもらったりする。

その人達も、天才か単なる暗算少年みたいなものなのかよく分らない。

そのうちの一人であるマドラス工科大学教授が、ロンドン大学時代の恩師ヒル教授に、ラマヌジャンの論文と未公表の成果のいくつかを送った。微分方程式といういささか異なる分野を専門とするヒルは、次のように返事する。

「ラマヌジャン氏は、ベルヌイ数のはじめのいくつかを観察して見つけた性質が、一般にも成立すると考えているように思われます。これでは説得力がありません。それに論文を書く時は、誤りが一つもないように、そして用いる記号はすべて説明してから用いるようにせねばなりません。とにかく証明がないのですから、これをイギリスの専門誌に投稿しても、掲載されることはないでしょう。彼は明らかに数学のセンスも能力も持っています。しかし発散級数の取り扱いでは落し穴にはまっています。例えば……。級数の理論が確固たる基盤に立ったのは最近のことで、私が学生の頃はまだ分っていなかったことです。独学のラマヌジャン氏が間違いを犯すのも当然なのです。多くの有名数学者も間違えたのですから。君に今できる最善のことは、ブロムウィッチの『無限級数論』を彼に買って与え、それをはじめから勉強するよう伝えることです」

ヒルが誤りとみなしたもののほとんどは、ラマヌジャン特有の書き方を知らないための誤解だった。証明がないから掲載拒否にあうだろう、というのは本当である。素人《しろうと》からの証明もない論文などは、ヒルでなくとも、大概の数学者は相手にする気になれない。

ラマヌジャン自身も、周囲の強い勧めで、自らもケンブリッジの数学者達に手紙を出した。まず送ったのがベイカー教授、そして次にホブソン教授だった。両教授は、手紙をそのまま送り返したと言われる。マドラスの田舎数学者は絶讃《ぜっさん》してくれても、ケンブリッジの一流数学者は相手にもしてくれない。ラマヌジャンは大いに落胆したのである。

これら教授の眼識のなさを責めるのは酷であろう。植民地インドの高校卒の一事務員という肩書きだけで、色眼鏡で見られたとしても、当時の状況では仕方なかったと言える。それに何より著名数学者はしばしば、大問題を解決したという数学マニアからの、ナンセンスな手紙に悩まされているからである。私程度の者にも、年に一、二通は届けられるのだから。

三番目の手紙の送り先こそが、運命の人、G・H・ハーディだった。当時三十五歳、講師でありながらすでに王立協会フェローに選ばれており、ケンブリッジにハーディありと、全欧州に鳴り響いていた人物であった。

一九一三年の一月末のある朝、ハーディはテーブルに置かれた手紙の中に、インド切手をべたべた貼《は》った大封筒を見つけた。差出人は名前からインド人らしい。やれやれと思った。また何か大発見でもしたのか。「わが国は、シェイクスピアのハムレットの中で墓掘り人が、『あそこじゃ気が違っていても目立たねえ』と言うほど奇人の多い国だが、地球の果てのインドにもそんなのがいるのか」

興味半分、やれやれ半分で開封した手紙は、一九一三年一月十六日付けでこう始まっていた。

「謹啓、自己紹介をさせていただきます。私はマドラス港湾局経理部にて、年収二十ポンドで働いております一事務員でございます。二十三歳くらいで、通常の学校課程は了《お》えましたが、大学には行っておりません。学校を出た後、余暇を数学研究に励んで参りました。正規の大学教育は受けていませんが、独学で研究し、発散級数に関するいくつかの成果は、当地では驚くべきと形容されています」

二十三歳くらいという書き方は面白い。本当は二十五歳になったばかりであった。当時のインドでは生年月日を書くという機会がほとんどなかったから、推定で書いたのだろう。続く文章で、ガンマ関数の定義域を負にまで広げることに成功したが、当地の数学者には高度すぎて理解されていない、と述べられている。

ハーディは心中でこうつぶやいた。「やはり正規の教育を受けてないからだろう。成功したと言うが、それは解析接続という概念に他ならず、専門家にはよく知られていることだ。まあ本当に独力で見つけたとすれば大したものだが」

次にこう書いてあった。

「ごく最近、貴方様の論文『無限大の位数』を読ませていただきました。そこには、与えられた数より小さな素数がいくつあるか、明確な公式がまだ見出されてない、と書かれてあります。私はその公式を見出しました。以下の拙論にお目通しいただき、御意見を賜《たま》わることができれば幸いでございます。敬具」

ハーディはここで、タワ言と思った。ルジャンドル、ガウスが基礎を固め、ディリクレー、デデキント、クンマー、ヒルベルト等の巨匠が発展させ、数学の女王とも呼ばれる数論は、近代ヨーロッパの知の集積とも言える。こともあろうに、その中心的問題を解決したとは笑止千万。この分野で世界をリードしている、との自負もあったハーディは、多少の苛立《いらだ》ちを感じながら、以下に続く論文のページをぱらぱらとめくる。見たことのない奇妙な公式が百以上も羅列してある。中にはよく知られているのも少しは混じっているから、まったくのデタラメではなさそうだが。ハーディは大きな深呼吸をしてから、愛用のマグで紅茶を一飲みした。

奇抜な公式の山を眺め、どうせインドの狂人のタワ言か、インド在住イギリス人の悪ふざけだろうと思った。セポイの乱の翌年、ヴィクトリア女王によるインドの直接統治が始まったが、その執行機関である千人足らずのインド文民団には、本国に比べ格段に給料がよいという理由から、極めつきのエリート達が参加していた。そこにはいたずら好きな教え子達もかなりいるから、周知の定理を奇妙な格好に仕立て上げ、一杯食わせようとしているのかも知れない。

用心にこしたことはない、ハーディは手紙を横におくと、トーストをかじりながらタイムズ紙を手にとった。まずクリケット試合の記事に、すみずみまで目を通すのである。彼は小柄できゃしゃだったが、なかなかのスポーツマンで、特にクリケットに関しては、チームや選手の成績、作戦ばかりでなく、実技でも素人ばなれしていたのである。ハーディの輝くばかりの知性に敬服していた経済学者ケインズは、「あなたが毎朝三十分だけ、クリケット欄を読むのと同じ集中力で株式欄を読んだら、間違いなく大金持になれるのに」と言って嘆いたそうである。一月にクリケット試合はないから、オーストラリアでの試合記録に目を通していたのかも知れない。午前九時には、いつものように研究を始めた。

彼は規則正しい日課の人だった。朝食後、午前九時から午後一時までは研究と決まっていた。数学の創造的研究は一日に四時間が限度、とハーディは日頃から言っていた。昼食をとってから、午後はリアルテニス（壁に囲まれたコートで、壁にある三つの開口部にボールを入れて得点を競うスポーツ）をするか、夏ならクリケットの試合を見るのである。

この日も日課通り、午後一時からトリニティ・コレッジのホールで昼食をとると、リアルテニスコートへ向かった。ケム川に沿った一年中芝生の美しいバックスを横切ると、ラグビー場横のコートまで十分ほどで着く。リアルテニスに興じているうちに、インドからの手紙が妙に気にかかり始めた。確かによく知られたものや、重要とは思われないものも含まれ、中には誤りさえあるようだ。奇怪な公式の大半は、この分野の権威のはずである自分でも、真偽を速断できない。しかし自分で証明したものの公表していないものが、いくつか書かれているのは不思議だ。

わだかまりを抱えながら部屋に戻ったハーディは、もう一度論文に向かった。黒白をつけてやろうと羽根ペンをとりインクに浸した。徹底した機械嫌いのハーディは、電話、時計、万年筆でさえ使おうとしなかった。

独特のスタイルで書かれていて読みづらい。すぐに証明できるのはごく少数で、ほとんどは証明もできないし、誤りと判定することもできない。眺めれば眺めるほど正しそうに見えてくる。早速、八歳年下の同僚であり、イギリス数学会の若きホープ、リトルウッドに「夕食後にぜひ議論したいことがある」と使いを走らせた。

リトルウッドは、後にハーディと何と百篇以上の共著論文を著すことになる人物である。これほど徹底した共同研究は、数学界ではもちろん、他分野でも多分例がないだろう。一時期、イギリスで最も偉い数学者は、ハーディ、リトルウッドおよびハーディ・リトルウッド、と言われたことさえある。二人の研究上のやりとりは、常に郵便か使いの者を走らせるという方式で、会って討議するということはめったになかった。互いに相手を束縛せぬよう、「一方から来た郵便には、返事を書かなくてよい、読まなくてもよい」との規則を作っていた。

コレッジでは通常、夕食後は二階のパーラーで、ポルト酒を飲み、チーズや果物をつまみながら歓談するのだが、この晩の二人は、手紙を検討するためそのままチェス室に向かった。部屋に入る時ハーディが、「このインド人は天才か狂人のどちらかだ」と叫んだ。

二時間半ほどたって部屋を出る時、二人の出した判決は「天才」だった。

後にハーディはこう言った。

「これら公式がインチキだとしたら、一体誰がそれを捏造《ねつぞう》するだけの想像力を持っているだろうか。この著者は本物に違いない。そんな信じ難い技術を有する泥棒やいかさま師の数より、偉大なる数学者の数の方が多いからだ」

ハーディが、インドの一介の事務員からの手紙を、精密に検討したのは異例のことである。このような手紙の、特に数学の部分が読まれることは稀《まれ》である。数学を読むのは、数学者にとってもエネルギーを要することで、私なども数学ファンから送られた手紙は読むが、その数学部分は一瞥《いちべつ》するだけである。大数学者ガウスでさえ、ノルウェーの弱冠二十二歳の青年アーベルから送られた、「五次方程式が解の公式をもたない」という最重要論文を無視した。複素関数論の父コーシーが、ハイティーンのガロアから送られた論文に対した時も、ルジャンドルが無名のヤコービの論文に対した時も同様だった。

ラマヌジャンは幸運だった。インドの事務員からの手紙を詳細に検討するだけの数学的知性、柔軟な精神、不遇な者への温い思いやり、そして内容を正当に評価するだけの数学的知性、これらすべてを有する者は世界にハーディ唯《ただ》一人しかいなかったのだから。

ロンドン南西のサリー州にある、田舎学校の教師というつつましい家庭に生まれたハーディは、奨学金をたよりに、パブリック・スクールの名門ウィンチェスター校に入学したのだった。

パブリック・スクールとは、全寮制を主とした私立の中高等学校で、エリートおよび紳士の養成機関である。イギリス支配層のかなりの部分は、今日でもパブリック・スクール出身者が占めている。私がいた一九八七年頃のケンブリッジでは、約半数がパブリック・スクール出身だった。年学費が中流家庭の年収の半分くらいと高いので、ここを狙《ねら》う家庭（大ていは中上流以上）では、子どもが生まれた時から積立てをするほどである。入学の頃までに成績が伸びないと、くずすそうだが。ハーディのような家庭の子どもは、難関の奨学金試験を通る以外に、入学する術《すべ》はない。パブリック・スクールは、十九世紀以来、古典、数学、スポーツを中心とした全人教育により、国家をリードするに足るエリートを育成してきた反面、階級社会温存の要因ともなっている。

中上流の子弟の集まるこの学校では、ハーディも、階級的には下の部類だったから、種々のコンプレックスに悩まされたろう。心身鍛錬を重んずるパブリック・スクールの荒々しい校風の下では、ひ弱な身体《からだ》も引け目となったろう。イギリスでは階級が上がるほど、背が高く体格も良いという傾向がある。子どもの頃から自信のあったクリケットでも、体格ゆえに最後までレギュラーにしてもらえなかった。ハーディが卒業後、一度もウィンチェスターを訪れず、また同窓会にも出なかったのは、かなり居心地が悪かったからであろう。六年間のウィンチェスター時代を通して、恵まれない者への強い同情心が、醸成されていったのではないだろうか。

ラマヌジャンの手紙をリトルウッドと検討し終えた瞬間から、ハーディは興奮状態に陥った。一夜明けると早速、ロンドンのインド省へ手紙を書き、この大天才をケンブリッジへ招聘《しょうへい》する方法があるか、打診した。インド省の役人は直ちにマドラスの学生援護局に手紙を書き、この若き天才の照会を求めた。ハーディは会う人ごとに、ラマヌジャンがいかにすごいかを喧伝《けんでん》し、その手紙を見せて歩いた。その狂躁《きょうそう》ぶりは、内気で控えめな人柄と、「周囲の人が凡庸に見えてしまうほど」と評された華々しい知性で聞こえたハーディのことだけに、ケンブリッジにセンセイションを巻き起こしたという。

哲学者のバートランド・ラッセルも、その頃に書かれたモレル夫人への手紙の中でこう触れている。

「トリニティのホールで、ハーディとリトルウッドに会いました。手放しの興奮ぶりでした。第二のニュートンを発見したからです。インド人で、年収二十ポンドばかりの、マドラスの一事務員なのだそうです。ハーディはすぐにインド省に手紙を書きました。

直ちにその男をここに連れてきたい、と願っているようです。今のところまだ秘密になっていますが、つられて私まで興奮してしまいました」

ラマヌジャンの手紙を、ろくに読まず返送してしまった、ホブソンとベイカーの両教授は、名を伏せられていたとはいえ、この騒ぎにはよほどばつの悪い思いをしたであろう。なぜか同情を禁じ得ない。

ハーディは一週間余りをかけ、隅々まで検討を加えてから、ラマヌジャンに手紙を書いた。一九一三年二月八日付けである。

「拝啓、あなたの手紙と定理を読んで、非常な興味をかきたてられました。しかし一つだけ理解していただきたいのは、あなたの仕事の価値を正しく判断するには、証明を見なければいけない、ということです。あなたの成果はおおざっぱに言って次の三つに分類できそうです。

(1) 既知の定理、あるいは既知の定理から容易に得られるもの
(2) 新しくて奇妙だが、重要そうではないもの
(3) 新しくて重要なもの」

この後、いくつか具体例を挙げた後、こう付け加える。

「既知の結果であっても、それを独力で再発見したというのは大変な名誉です。独学の

場合、この類《たぐい》の失望はしかたのないことです。再発見の定理であっても、あなたの証明を見たいのです。これらは重要かつ難しい定理ですから、本当にあなたが証明を見出《みいだ》したとしたら、それだけでも目覚ましい業績と言ってよいのです。(2)に分類されたものの中には、実は(3)に入れるべきものもあるでしょう。ただ独特の書き方なので、しかと判定することができないのです。ともかく、少しでもよいから証明を、一刻も早く送ってください。そして、時間のできた折りには、素数と発散級数に関する詳細な解説を送ってください。あなたの成果は、満足のいく証明をお持ちの場合に限りますが、論文とすべきものを大量に含んでいます。そのためのお手伝いを是非したいと思います。できるだけ早い返信を待っております。敬具」

再発見というのは、いつの時代においても天才の、特に若き天才の特徴と言える。若き天才は、当然ながら同輩から抜きんでてしまうばかりか、先生をも超してしまうため、一時期、独学となることが多い。この時期に、類まれな独創力ゆえに、既知の定理をそれと知らずに独力で見出すのである。

先取権の厳格な数学において、栄誉は第一発見者のみに与えられ、第二以降の発見者は一顧だにされない。しかし人間精神の勝利という点では、同等と見なしてよいものである。ハーディはラマヌジャンの業績を力強く賞賛すると同時に、証明を送るよう、何度も繰り返す。心中の興奮を極力抑制し、冷静を装《よそお》うのはイギリス紳士の特技だが、「一刻も早く」にアンダーラインが引かれているのは、抑え切れぬ高揚を表している。厳密な証明こそは数学の生命である。これがあるからこそ、一度打ち立てられた定理は、永遠に正しいのである。他の諸科学においては始終、いったん正しいとされた理論が、後になって否定されたり修正されたりするのに、数学史上にそんな事例がないのは、まさに厳格な証明のおかげなのである。

特にハーディはこの重要性を強烈に意識していた。ニュートンが、自ら証明した微積分学を応用し、運動力学を創建して以来、イギリス数学はニュートンを崇《あが》めるあまり、純粋数学よりその応用に力を注いできた。その結果、物理学にはマクスウェル、ケルヴィン、レイリー、トムソン等、多くの俊秀を輩出したが、数学ではドイツやフランスに大いに遅れをとっていた。これはハーディにとって無念のことであった。

親友の一人である作家C・P・スノウはかつて、『ハーディの思い出』の中でこう言った。

「ハーディはアインシュタインやラザフォードのような大天才ではない。しかし彼の方が優れているのは、彼がいかなる仕事も、重要か些細《ささい》かを問わず、すべて芸術的といわれる形に仕上げてしまうことである」

すなわち、美意識の極端に発達した人だったのである。

噂《うわさ》によると、彼はホテルに泊まるとき、部屋にある鏡という鏡を必ずすべてタオルなどで覆《おお》ったという。自分の醜い顔を見たくないとの理由である。写真で見るハーディは、知性あふれる目や気品あふれる細い鼻など、私にはかなりの美男と思えるのだが。

ハーディはこう言っている。

「真の数学者による真の数学、たとえばフェルマー、オイラー、ガウス、アーベル、そしてリーマン等の数学はほとんど無益である。芸術作品としてのみ正当化される」

応用数学を、退屈なものと見下していたのである。実用性を敵視し、美しさを至上の価値とする考えは、ハーディ主義とも呼ばれるが、この意味で純粋数学こそ至上のものであり、その永遠性を保つ命綱がまさに厳密性であった。そしてハーディこそが、三十歳の時に著した『純粋数学教程』により、立ち遅れたイギリス数学に大陸の厳密性をはじめて導入し、数学改革の口火を切った人物だったのである。

ここで厳密性とは無限、実数、連続、極限といった、直観的に理解できる概念に、明確な定義を与えることである。これがないと、円の内部から外部へ出るのに、必ずどこかで円を横切らねばならない、ということさえ証明できない。当り前と言うだけの理由では、人間の目の錯覚によるものかもしれず、「一点の曇り」が残ってしまう。

哲学の系譜からいっても、イギリスは経験論の国である。教養や論理などより、経験を重視するのである。厳密性や論理性などというのは、柔軟性に欠けたドイツ人の考えることで、つまらぬ理屈を並べ立てるのは、口先だけのフランス人のすること、と軽蔑《けいべつ》していたのである。だから形而上学《けいじじょうがく》は決してイギリスに根付かなかった。この考え方は現在でもイギリス人の間に根強い。

それはイギリス外交の現実主義にも表れている。何らかの思想に基づいて筋を通すというより、その時々の状況を分析して政策を決めるから、大陸諸国からは、不実のアルビオン（イギリスの古名）、などと揶揄《やゆ》されたりする。一日に何度も晴れたり降ったりする、気まぐれな天候の国では、一貫した筋を通すなどという思想はなじまないのだろう。十九世紀後半に、ドイツやフランスの数学者が、懸命にこの「一点の曇り」を除こうとしていたとき、イギリスの数学者は、「重箱の隅をつついてどうする」とせせら笑っていたのである。フランス人数学者カミーユ・ジョルダンの『解析学教程』で勉強したハーディは、数学的には大陸の人だった。一点の曇りは、完璧《かんぺき》なる芸術性を追求するハーディにとって、致命的欠陥なのであった。

九ページにもわたる懇切な手紙を読んだラマヌジャンは、賞賛と励ましに小躍りした。明るい陽光の中で暗く淀《よど》んでいた世界が、さっと晴れ上がるような気がした。初めて海外の数学者から、しかも最高級の学者から誉《ほ》められたのだから、当然であろう。「作家は読者の誉め言葉を食べて書いていく」とある作家は言ったが、数学者にとっても、賞賛の言葉は苦しい研究を続ける上で、絶対に必要なものである。ましてやインドの片田舎で孤軍奮闘していた者にとっては、なおさらであろう。

ただ、繰り返し要求される証明については、怪訝《けげん》な気持ちを隠せなかった。証明とは何か、それがなぜ必要なのかさえ、よく理解していなかったのである。深い洞察力に支えられた成立理由があり、いくつかの数値を実際に入れても成立しているなら、それでよいと思っていた。

これはある程度、無理のないことである。彼の勉強した五冊ほどの数学書はすべて、ハーディの『純粋数学教程』以前にイギリスで出版されたもので、厳密性を備えたものではなかったからである。宗主国の遅れは植民地の遅れにつながるのである。一つ一つの定理を吟味しつつ精読したカーの書物などは、ほとんど証明すらなく、あっても一、二行のヒントだけだった。

ラマヌジャンはハーディの手紙をもらったあと、一週間ほど準備して、ノートブックにどっさりある定理の中から数十を新たに選び、九ページにわたる返信を送る。

「先生からの手紙を熟読いたしまして、感謝の言葉もございません。ロンドン大学の教授から以前いただきましたように、ブロムウィッチの『無限級数論』をよく勉強し、落し穴にはまらないように、というようなお返事しか得られないのでは、と思っておりました。私の研究を好意的に見てくださるあなたの中に友を見出しました。今後の研究の大きな励ましとなります。お手紙の何ケ所かで、厳密な証明が必要だから送るようおっしゃられますが、もし私がそうしたなら、きっとあなたもロンドン大学の教授と同じ反応をされたのではないでしょうか。私の証明の道筋をどう書きましても、手紙ではとても分っていただけないのです。私はこう申し上げたいのです。どうか私の定理を現代数学の流儀で証明していただきたい。もし証明できれば、私の論法にも何がしかの真理があるということになるのではないでしょうか。この意味でお手紙の中で（1）と分類されたもの、すなわち既知の定理や既知の定理から容易に導かれるもの、ほど私を励ますものはございません。私の論法に対する自信となるからでございます」

ここで唐突に調子が変る。

「小生は半分飢えかけております。頭脳を働かせるため、今日の食料をどう得るかが最優先課題であります。大学あるいは政府からの奨学金を得るには、あなた様からの同情あふれるお手紙に、おすがりする他ございません」

月三十ルピーというのは、一家が生命を維持する最低限に近い額だから誇張ではない。ハーディへの手紙は、少なくとも家族思いのラマヌジャンにおいては、数学で認められたい、ということの他にも目的があったのである。哀願の後でまた強気に戻るのは、控えめで謙虚なラマヌジャンも、さすがに一流数学者に誉められた直後は、多少の躁状態にあったのだろう。

「以前お送りした定理の多くは、手中にあるもっと一般的な定理に、特殊な値を代入したものにすぎません。この手紙にはより一般的なものも同封いたします。それらもさらに大きな定理の特殊ケースなのですが。今回も証明をお送りしないのは、それをいやがっているからでなく、一通の手紙では証明しきれないからでございます。小生の成果があなたのような御著名な方により、正しいと判断された場合には、論法をも含めて論文にしたいと考えております」

この後に第一の手紙と同様、摩訶《まか》不思議としか言いようのない新公式が羅列される。文面から分ることは、ラマヌジャン自身、自分の論法が風変りなもので、現代数学の立場からは容認されないかもしれぬ、と懸念《けねん》していたことである。

発見が再発見であると分った場合、ハーディが気をつかったように、普通なら失望を味わうところである。私なども、一年近くをかけてやっと証明した定理が、すでにその三年前にアメリカで発表されていたと知ったときは、ショックで何ケ月も数学をする気になれなかった。ラマヌジャンが再発見こそ励ましになると思ったのは、極めて特異な例で、痛々しいほどの独学者の不安である。

ハーディの賞賛を受けて、大いに自信を持った様子は、証明の急送を要請されながら、再び大量の定理を送ったところに表れている。また先に送った数々の定理が、手中にある、より一般的なものの特殊ケースに過ぎぬ、などと臆面《おくめん》もなく言うところにも表れている。ただし、生み出された結果が正しければ、生み出した方法も正当化される、という態度は、証明というものの意味を分っていない証拠と考えられよう。

手紙を受け取ったハーディは、それをリトルウッドに送った。リトルウッドはハーディにこう返信した。

「彼は少なくともヤコービ級です。それにしてもこのようなファンタスティックな成果を、次々に何の証明もなく送ってくるのだから、全く気が狂いそうです。自分の成果をあなたが盗むとでも考えているのではないでしょうか」

ヤコービとは楕円《だえん》関数論やテータ関数を創始した、十九世紀前半の偉大な数学者である。ハーディはラマヌジャンへの返信で、数学的内容に続いてこう記す。

「リトルウッド氏は、あなたが証明を送りたがらないのは、私が横取りするのを心配しているからではないか、と言っています。率直に言いましょう。あなたは私からの長い手紙を三通持っています。その中で私は、あなたの成果について忌憚《きたん》のない意見を述べています。私はあなたの手紙を、リトルウッドをはじめ何人もの数学者達に見せました。私がもしあなたの成果を盗んだりしたら、すべてを白日のもとにさらすことは、あなたにとって実に簡単なことでしょう。あなたが数学的才能を最大限に発揮できるよう、私はいろいろしているだけなのです。ともかく今、あなたのできることで最もあなた自身のためになることは、一刻でも早く証明を送ることなのです」

ラマヌジャンはハーディへ、一九一三年四月十七日付けで三通目の手紙をしたためる。

「リトルウッド氏の推測に基づいて書かれた、あなたの手紙を読んで、少々つらい思いをいたしました。誰かが私のものを横取りするなどと、心配したことは全くございません。それどころか、この方法を八年間も用いてきましたが、ただの一人も理解してくれなかったのですから。私の発見方法についてお伝えするのを、今も躊躇《ちゅうちょ》してしまうのは、方法の新奇さのためです。でも今回は、あなたに分っていただけるよう、できるだけ証明を書く努力をいたしました。なお、あなたの手紙は三通でなくまだ二通しかいただいておりません。リトルウッド氏がらみの件につきましては、郵送途中で紛失したらしい二通目の手紙に私が返事を書かなかったことで、少々お気を悪くされたのかな、などと思っております」

無論、大量の定理が、今度は証明のアウトラインとともに、ハーディへ送られたのである。両者のやりとりはなぜかここで八ケ月ほど途切れる。

ラマヌジャンの手紙はケンブリッジに衝撃を与えたが、ハーディの手紙はマドラスを沸《わ》き立たせた。ラマヌジャンがイギリス最高の数学者のお墨付きをもらった、というニュースは町中に広まり、彼の支持者達は、この英雄をどう処遇したものか頭をひねる。国際的に認められた以上、港湾局経理部員として、安月給のまま放っておくのは、インドとしても不名誉なことである。

折しも、港湾局長のスプリング卿《きょう》を、気象台長のウォーカー博士が、潮の干満調査のために訪問する。大気循環モデルの草分けであり、モンスーンの父とも呼ばれるこの著名な気象学者は、実はケンブリッジで数学を専攻し、トライポスでは最優等賞までとった人物だった。ウォーカーばかりでなく、ケンブリッジでは、学部時代にまず数学を専攻し、後に他分野に移るという人がよくいる。経済学のケインズや哲学のラッセルをはじめ、多くのノーベル物理学賞受賞者がそうである。

トライポスというのは、ケンブリッジの卒業試験のことである。「三本足の椅子《いす》」という意味で、十七世紀に、この椅子に坐《すわ》った試験官が口頭試問をしたことから、そう呼ばれるようになった。

不思議なことはこれが数学試験だったことである。中世の頃からあった論理学に代り、最良の頭脳鍛練として数学が最重要視されたのである。教会や国家から干渉されないという利点もあった。この成績、すなわち数学能力のみで、コレッジのフェローなどを決めることへの反論が当然起こり、一八二四年に古典、一八四五年に自然科学と道徳科学、などが加えられた。しかし何と言っても、十八、十九の両世紀を通して数学が主だったのである。英文学、法律、経済学などがトライポスに加えられたのは二十世紀に入ってからだった。

数学トライポスは当時、四日間ぶっ通しで問題を解かされ、一週間おいてからまた四日間難問を解かされるという、学生にとって精根つき果てるハードなものであった。難問ぞろいのため、八日間にわたる総得点が、満点の半分もあれば、最優等だったらしい。ケンブリッジの数学偏重に関しては、詩人のバイロン、歴史学者マコーレー、生物学のダーウィンなど、そうそうたる面々が手紙や日記の中で悲憤慷慨《こうがい》している。

今日のトライポスは、期末試験のないケンブリッジ大学における学年末試験で、毎年五月末から六月はじめに行なわれる。現在の数学トライポスは、特別の地位を与えられていない。往年の八日間という常軌を逸した長さではないが、それでも二日間にわたり午前、午後、午前、午後と、三時間ずつ四回にわけて行なわれる。一時間に一題くらいの割合で難問を解かねばならないから、学生にとってはかなりハードな試験である。

私がクイーンズ・コレッジで学生達を指導していた時、十年間分のトライポス問題を見る機会に恵まれたが、どれも相当手強《てごわ》いものだった。学部レベルの数学試験を比較した場合、世界で最も難しいと言ってよいだろう。

今でもトライポスでの成績は、卒業後に影響するが、一昔前は優等者（当時はラングラー、今はファーストと呼ばれる）ともなれば、どんな分野に進もうと出世を保証されていたのである。中でも最優等者（シニア・ラングラー）や次席は、新聞にのるほどで、コレッジのフェローの地位まで与えられた。ちなみにハーディやリトルウッドは最優等者で、電磁気学の創始者マクスウェルや電子の発見者トムソンは次席であった。

ハーディは後日、トライポス準備のために費した年月を大いに悔んだ。そして、数学の本質とはかけ離れ、凝った技巧を要求するだけのトライポスが、大学での数学教育を歪《ゆが》め、ひいてはイギリス数学停滞の原因となっている、と考え改革に立ち上がったのである。改革に対しては決まって激しい抵抗の出るイギリスで、それをなしとげたというのは、彼が三十三歳の若さですでに広い信頼を得ていたこと、そして同時に、言い出したら後にひかない彼の頑固さを示している。

一九一〇年のこの改革により、順位発表は取り止《や》められた。トライポスは現在、個人競争としての性格はやや薄れ、その代り、ファーストを何人出したかという、コレッジ間の競争の場となっている。ケンブリッジに三十ほどあるコレッジのうちで、最も権威あるとされるトリニティは、この競争でも毎年首位を占めている。私の教えた年のクイーンズは、健闘よく四位となり、フェロー達にずいぶん感謝されたものである。

泣く子も黙るシニア・ラングラーの、ウォーカー博士が訪れたからにはと、局長のスプリング卿は、自慢の部下ラマヌジャンの成果を、本人でなく上司のナラヤナ・イーヤーに説明させた。率直な意見を聞き出すには本人でない方がよいと思った。それに、ナラヤナ・イーヤーは、ラマヌジャンの手紙の英語を直すなど、英語に堪能《たんのう》だったし、腰にドーティ、上半身にボロ切れを巻いただけのラマヌジャンより、服装も小ざっぱりとしていた。

説明を受けたウォーカー博士は驚愕《きょうがく》し、さっそく翌日、マドラス大学に手紙をしたためる。

「港湾局事務員のラマヌジャンについて一筆啓上いたします。彼の独創性は小さく見積っても、ケンブリッジのコレッジの数学フェローに匹敵するものであります。専門を異にする私の判断に、多少の信頼性を欠くうらみはありますが、ヨーロッパで名声を博するほどの才能とも思えます。彼が生活の心配なく研究に没頭できるよう、貴大学が数年間にわたり援助を与えることは、充分に正当化され得ることと確信いたします」

大物科学者からの、イギリス紳士らしい遠回しの要請を受けて、マドラス大学は直ちに行動を起こした。そして一ケ月余りのうちに大学は、その乏しい財政の中から、月々七十五ルピーの研究奨学金を二年間にわたって支給する、と決定したのである。大学を出ていない者に研究奨学金を支給するというのは、規則破りの措置でもあった。義務は三ケ月毎《ごと》に研究報告を提出する、ということだけだった。

これほど早い決断が下されたのは、何人もの地位あるイギリス人が、ラマヌジャンのために全力をつくしたからであった。イギリス紳士のフェアー精神である。

幕末の一八六二年、ヨーロッパ六ケ国派遣使節の一員として、ロンドンを訪れた福沢諭吉は、現地のある団体が議会に提出した建言書を手に入れた。その時の感想をこう記している。

「建言の趣意は、在日本英国の公使アールコックが新開国たる日本に居て乱暴無状、あたかも武力をもって征服したる国民に臨むが如《ごと》し云々《うんぬん》とて、種々様々の証拠を挙げて公使の罪を責めるその証拠の一つに、公使アールコックが日本国民の霊場として尊拝する芝の山内に騎馬にて乗り込みたるが如き、言語に絶えたる無礼なりと痛論……。これまで外国政府の仕振りを見れば、日本の弱身に付け込み日本人の不文殺伐なるに乗じて無理難題を仕掛けて真実困っていたが、その本国に来て見ればおのずから公明正大……」

（『福翁自伝』岩波文庫）

イギリス人は、フェアーということを最も大事にする国民である。植民地インドであろうと、経済的困窮のため才能を埋めてしまいそうな人間がいたら、懸命に救いの手を差しのべるのである。

インド文民団に配属された大英帝国屈指のエリート達は、植民地における搾取《さくしゅ》体制の運営維持に携わりながら、パブリック・スクール教育の成果と言おうか、個人としては教養人であり紳士であった。劣等な民族の幸福のために、優等な民族が代りに統治してあげる、という思想は、今から百年前のヨーロッパでは当然と受け止められていた。この思想下でなら、本国費その他は、搾取でなく統治に対する報酬、として正当化されうる。彼等は、時代思想の枠組みの中で、充分にフェアー精神を発揮していたのである。

イギリスからの植民地官僚がインドで、賄賂《わいろ》をはじめとする汚職にいっさい手を染めなかったのはよく知られている。そして余暇にはサンスクリット文学や碑文の英訳など、知的活動を営んでいた。十八世紀の後半、ベンガルの最高裁判事を務めていたウィリアム・ジョーンズは、サンスクリット語の研究に没頭、ギリシア語やラテン語との類似を指摘し比較言語学のさきがけを作った。十九世紀になって、テルグ語の文法書を初めて作った東インド会社のキャンベルやフランシス・エリス、「ドラヴィダ語比較文法」を著した宣教師コールドウェルなど、インド文化に貢献したイギリスからのエリートは枚挙にいとまない。青年期に鼓吹されたフェアー精神は、植民地においてもいかんなく発揮されていたのである。

日本を含めた他の帝国主義諸国と、決定的に違うところである。

イギリスのインド経営が、三百年余りと例外的に長く続いた理由として、しばしば筆頭に挙げられるのは、階級社会のイギリスがカースト社会をうまく操る術《すべ》を心得ていた、ということである。私は、腐敗のない公正な政治が、ともあれインド人民に支持されていた、ということもあるのではないかと思う。根底にある傲慢《ごうまん》な思想より、表面に出る公正さの方が、人民には重大なのだろう。インドの知識人が、イギリス統治を必ずしも低く評価していないのを見て、驚かされたことが何度かある。

夢のような奨学金をもらうことになったラマヌジャンは、すぐに休暇を港湾局に申し出た。マドラスのトリプリケインに、祖母、母、妻とともに住み、生まれてはじめて食物の心配をせずに、数学に打ち込めるようになったのである。実は食物の心配はコーマラタンマルとジャーナキの方に移っていた。一心不乱に考えたまま食膳《しょくぜん》に坐る彼の思考を中断せぬよう、彼女達がラッサム（タマリンドの実に胡椒《こしょう》を入れたスープ）やサンバー（ひき割り豆に野菜を加えたスープ）を、バナナの葉においた御飯とかきまぜ、右手に握らせてやったりしたのである。

当時のインドでは珍しい小太りのラマヌジャンは、ラッサムを大好物としたが、中にたっぷり入れるタマリンドの実は、近頃ガルシニアと呼ばれ、痩身《そうしん》食品として注目されているようである。

天気のよい日には、運動もかねて、歩いて小一時間ほどの、静かな木立に囲まれたコネマラ図書館へ通った。十九世紀末に建てられたこの州立図書館は、建設当時の知事コネマラ卿の名をとっており、現在では南インド随一の蔵書数を誇っている。インド・サラセン様式と呼ばれる、一部にドーム天井を配した建物である。内部はイギリス風で、壁沿いに彫刻をほどこされた背の高いチーク製書架が、整然と並んでいる。ドーム天井の真下には、多角形の閲覧室があり、大きくとった窓からそよ風がよく抜ける。ひんやりとした大理石の床も涼しさをそえる。

青緑の内壁に沿って並べられた長い机と籐《とう》椅子の、定まった席に陣取って、ラマヌジャンは何の心配もなく、数学に明け暮れていたのである。数学において、新しい知見を得た瞬間とその後しばらくは、たとえようもない喜びに満たされるものである。並の数学者には年に一、二度だが、ラマヌジャンにはそれが毎日起きていた。人生で最も幸せな日々であった。誰より幸せな日々であった。

＊

二月とはいえ、炎天下の昼下りに、私はマドラス大学ラマヌジャン高等数学研究所を訪れた。ラマヌジャンを記念して一九五〇年に作られたこの研究所は、いささか名前負けのきらいもあるが、級数論や数論の分野で特徴ある研究活動を続けている。

ここのランガチャリ教授がラマヌジャンに詳しい、ということを耳にし、あらかじめ連絡をとっておいたのである。

イギリス時代に作られた、大きなクリケット競技場のそばの、二棟からなる白い建物が研究所だった。コンクリート平屋というのが珍しかった。

机で書きものをしていたランガチャリ教授が私をじろっと見た。ナーマムが鮮やかである。白いUの字が、二センチほどの幅で、前頭部から眉《まゆ》を通り鼻のつけ根まで、左右対称に描かれ、中央には赤で縦一直線が引かれている。後頭部にタフトゥを残し、前頭部は剃《そ》られている。白いワイシャツに白いドーティをつけている。バラモン特有の不遜《ふそん》とでもいえる自信満々の表情で、私をにらむようにして挨拶《あいさつ》をした。きちんとした英語を話すが、発音はインド訛《なま》りである。研究所で仕事中の数学者までこんな格好をしているのか、とやや度《ど》胆《ぎも》を抜かれ眺めていると、「何をお聞きになりたいのでしょうか」と催促するように言った。

ラマヌジャンと同じ、ヴィシュヌ派の正統派バラモンであるうえ、そのまた細分まで一致していることを、誇りにしているようだった。同胞意識からか、ラマヌジャンはこうだった、こう考えていた、とすべて断定するのが興味深かった。いかめしい顔付きをしていながら、私がラマヌジャンを讃《たた》えるたびに、自分がほめられたかの如く顔をほころばせる。しばらく話しているうちに、ラマヌジャンと話しているような錯覚にとらわれた。

二人でラマヌジャンの住居へ行った。研究所から二キロくらいの、トリプリケイン地区にあった。運河沿いの悪臭漂う赤土道を五分ほど歩くと、人通りの多い道路に出た。そこを左折すると、すぐにパルタサラティ寺院の大きなタンクの正面に出た。ヒンドゥー教の寺院のそばには、ほとんど常に、タンクと呼ばれる長方形の沐浴《もくよく》場がある。長方形の四辺には下に降りる石階段があって、宗教上の行事の際には、そこから何万名もの教徒が満々とたたえられた水に次々に入るのである。ここのタンクは、一辺が百メートル近くもあり、中央には精巧な彫刻をこらした小寺院が水上に出ている。

高層建築のほとんどないマドラスは、どこに行っても空が広い。空が広く太陽が真上から照りつけるので、日中は逃げ場がない。腰を下ろせる喫茶店や公園はないし、たまにある木蔭《こかげ》にはたいてい先客が寝そべっていたりする。

汗を拭《ぬぐ》いながら歩いていると、いきなり犬が四匹、目の前に飛び出した。駐車してあった車がエンジンをかけたため、車体の下で眠っていた犬が、慌《あわ》てて飛び出したのである。犬にとって、人間に占有されていない唯一《ゆいいつ》の日陰なのだろう。この国の犬は、日本や欧米の犬と違って、眠る時の姿勢が面白い。腹を地につけるのでなく、ごろんと真横になる。放し飼いだが、犬が苦手の私でも大丈夫である。暑さと空腹のためだろう、吠《ほ》える元気もなく、大概は人間と同じく眠っているからである。ほとんど毛が生えていない。毛がふさふさでは、ここでは暑くて生きて行けない。やせて貧弱なのは、無論、食物不足のためである。この国では犬ばかりでなく、猫、ヤギ、牛、カラス、人間とみなやせている。中上流の中年婦人がサリーの横からのぞかせている脇腹《わきばら》以外に、余剰の肉はこの国に存在しない。

正統派バラモンのお通りだ、とばかりに周囲を睥睨《へいげい》して歩くランガチャリ教授が、妙に頼もしく見える。一緒に歩くと自分まで偉くなったような気分になる。物乞《ものご》いが寄って来ないのは、正統派バラモンの近寄りがたい威光のせいか、あるいはお布施《ふせ》をもらうのはバラモンの方が専門だからか、などと考えながらタンクを半周した。

幅四メートルくらいの小道に入り、少し歩くとランガチャリ教授が立ち止まり、左側の塀を指さした。ラマヌジャンがハーディと文通していた頃に住んでいた場所だった。家はすでになく、三メートルほどの高さの石門だけが当時のままで残っている。緑のペンキを塗った木製ドアは、中から錠がかかっていた。門の上部に四角い大理石板がはめ込んであり、「著名なインド人数学者シュリニヴァーサ・ラマヌジャンは、一九一三年ここに住んだ」と英語で書かれていた。

この薄汚ない門を出た一通の手紙が、数学界を驚倒させることになったのだ。赤茶けた道から門へ三段の石階段がある。ラマヌジャンが何度となく踏んだに違いない石段に立つと、足の裏が妙に落ち着かなかった。門を見上げたりさすったりしている外国人を、不思議に思ったのか、裸足《はだし》の少年が私を見つめていた。ここでとった記念写真に、いつの間にか少年が私と並ぶように写っているのは、日本人にバラモンほどの威光がないせいだろう。

旧居を後にして歩き始めたら、上半身裸の男達が四人で、担架のようなものを肩に担《かつ》ぎ歩いていた。白い布で包まれたものをのせている。宗教儀式かと思いランガチャリ教授に尋ねると、「火葬場へ運ぶ死体だ」と事もなげに言う。常夏《とこなつ》の南インドでは、死ぬと時間をおかずに火葬する。この死体も今朝までは生ある人間だったのだろう。担架のまわりの人々へ目をやった。日常的光景なのか、注意を払う者は誰一人いない。荷車の荷台にこもをかぶせただけで運ばれて行く遺体を見たこともあるから、かつがれた遺体は中流以上の人なのだろう。

インドでは道路で遺体を目にするたびに、軽いショックを味わった。北インドのガンジス河沿いでは、今でも河原で遺体を焼き、灰を河に流す。死者が子どもの場合や、家族が薪《まき》代を払えない場合は、そのまま流すという。聖なる河ということで、人々が幸せそうにここで沐浴をしたり、その横で歯みがきをしているのを見たこともある。カルカッタで私の雇った運転手は、この河の水が飲料に適しているばかりか、汲《く》み置きして数ケ月たっても腐ることがない、と言い張った。この聖なる水を水筒に入れて東京に持ち帰れば、自分の言い分の正しさが証明される、と強く勧められたが、これだけは丁重に断った。政府は屋内火葬場を作っているが焼け石に水である。腐敗物を食べる亀《かめ》を大量に放ったが、ほとんどは逆に捕獲され食べられてしまったという。

待たせておいた車でマドラス大学図書館へ行った。赤レンガ造りの二階建てで、アーチ型の窓と屋根にいくつもあるドームが特徴的である。

ランガチャリ教授は、館員に目で合図するだけで、歩速もほとんどゆるめず、事務室の奥まで入って行った。「ずけずけ入る」という形容がぴったりなので、後から追いかけながら、今度は少々気が引けた。

テーブルの前に私を坐《すわ》らせると、事務長に何かを持って来るよう命令した。言葉は分らなくとも、依頼か命令かくらいはすぐに分る。正統派バラモンが下位カーストに、あるいは教授が事務官に、上からものを言っているのは明らかだった。態度だけではない。最高位者として長年やってきた貫禄《かんろく》、そして知性が、表情の迫力となり相手をすでに圧倒している。教授の傲然と事務長の従順が印象的だった。この時私が、「ひどい」というより「すごい」と思ったのは、有無を言わせぬ権威の行使への憧《あこが》れが心の中にあったからかも知れない。

在インドの日本人達は、インド化しているのだろう、ごく当り前のようにインド人に命令を下す。運転手には“Turn left”、給仕には“Bring me beer”などとぶっきらぼうに言う。そのたびに私は、すごいと感じてしまったのである。私などは内心憧れを抱きながら、どうしても封建的かつ帝国主義的な態度をとれず、運転手には“Will you please turn left?”、給仕には“Can I have beer, please?”などと言っていたのである。今から思うと、「郷に入りては郷に従え」で行くべきだった。その社会の仕組みに従うことで、誰をも傷つけず、いくつかの小さないさかいや行き違いも回避できた、と思うからである。

部屋の隅にあった灰色のロッカーから、事務長が大事そうに抱えて来て、私の前のテーブルに置いたのは、それぞれが三センチほどの厚さをもつ三冊のノートだった。写真アルバムのような、厚手の赤い表紙がついている。ランガチャリ教授は、事務長に礼も言わず、私をじろりと見ながら、「ラマヌジャンのノートブックだ」と言った。私は、戦慄《せんりつ》に近いものが身体《からだ》を走るのを感じながら、それに目を落とした。

これがあのノートブック。極度の貧困と何の希望も見えない日々の中で、ラマヌジャンが生命を燃焼させて、産み出したもののすべてである。南インドの星ラマヌジャンの、純粋なる魂の結晶である。気圧《けお》された私がじっとしていると、ランガチャリ教授が「手にとって見てよいのです」と言った。私の如き非才にして不純なる魂の持主が、手にして冒瀆《ぼうとく》すべきものではない。こうやって相対しているだけでも、畏《おそ》れ多いことである。ためらっているのを察知した教授は、「どうぞ遠慮せず」と促すように言った。

教授の低く太い声に押され、恐る恐る手にとって開くと、ぎっしり書き込まれた数式が目にとびこんだ。どのページにも透明なセロハン紙が貼《は》ってある。ボロボロだったノートを保存するため、大学が努力したのだろう。一冊目は緑色の、他は黒のインクで書かれている。どこを開いても、素晴らしい筆記体で記された、数学公式ばかりである。証明はない。ほとんどが見たことのない不思議な公式である。今ではラマヌジャンの公式としてよく知られるものも散見される。

これら公式のどの一つをとっても、それにたどり着くまでに相当な計算や思考があったはずである。数学における公式や定理は、氷山のほんの頂に過ぎず、大部分は水面下に隠されている。水面下は言わば舞台裏であり、数学者は故意に人目に触れないようにする。私はこれら公式を眺めながら、水面下に隠されたラマヌジャンの思考より、それを見守ったコーマラタンマルやジャーナキ、そしてクンバコナムの風や光を強く感じていた。

この三冊のノートブックを埋めつくす公式を、一つずつ証明しようという試みは、ハーディをはじめとする幾多の学者によりなされてきた。その一人であるイリノイ大学のバーント教授は、ここ二十年間その集大成に心血を注いでいる。やっと一九九七年五月に、最終巻となる第五巻が刊行された。合計で三二五四個もある公式のすべてが、ついに証明されたのである。

誤りは驚くほど少なかったという。とにかく証明を与えようと、手段を選ばずに証明したのだが、中には最近になって開発された最新手法により、やっと証明されたものも多くあるという。バーント教授は言う。

「この全五巻をラマヌジャンのノートブックの最終章と考えてはならない。むしろ、ラマヌジャンのアイデアを理解するための、最初の一里塚に過ぎない。証明は完成したが、これら公式にたどり着いたラマヌジャンの動機、洞察、証明、知恵などについては何も分っていないのである。そして何より、公式の持つ意義、数学における位置づけ、応用等についてはほとんど手がついていない」

＊

一九一三年の四月にラマヌジャンからの第三伸を受け取ったまま、ハーディは沈黙を保っていた。何度証明を要求しても、続々と新公式を示すばかりで、肝腎《かんじん》の証明を送ろうとしないラマヌジャンに、手を焼いていたのである。多少は腹も立っただろう。手品のごとく繰り出す曲球《くせだま》の一つ一つが、何の証明もないのに、ことごとく正しそうに見えるからなおさらである。神様でないのだから、新公式を書き下すには何らかの根拠があるはずなのに、それすら書いてこない。自分に対する証明盗用の疑いは、本人が否定しているから一応晴れたものの、ハーディとしてはすっきりした気分になれない。一方のラマヌジャンの方は、大学からの奨学金で、自分への心づかいを怠らない家族と一緒に暮らしつつ、研究に没頭する幸せをかみしめていたのだから、特に手紙を出す必要もない。

しびれを切らしたのはハーディだった。フェアー精神では人後に落ちない自分を、信用しようとしない生意気なインド人め、という苛立《いらだ》ちと、この途方もない天才をインドに埋もれさせては数学界の大損失、という使命感の長い葛藤《かっとう》の末に、使命感がついに勝利したのである。その年のクリスマス・イブに手紙をしたためる。

「あなたの証明と称するものは、不完全でありながら、主張自体はほとんどの場合どう見ても正しく、驚くべき成果のように思えます」

そして、素数理論におけるラマヌジャンの誤りを長々と指摘した後、手紙をこう終らせる。

「素数理論には落し穴が多く、これを避けるには厳密を尊ぶ現代数学を学ばねばなりません。ただし、あなたの方法は極めて独創的なのですから、気を落とすことはありません。あなたの主張することにきちんと証明が与えられたら、数学史上画期的なことなのです。ところで只今《ただいま》マドラスにいるネヴィル氏に会って下さい。私と同じコレッジの人で、研究上の貴重な助言を得られると思います」

何気なく書き添えられたネヴィル氏の件が、ハーディの最も伝えたいことだった。トリニティ・コレッジのフェローになったばかりで、弱冠二十四歳のネヴィルは、マドラス大学で微分幾何学の講義をするため、訪印していた。ただしそれは表向きの理由で、本当はラマヌジャンをケンブリッジに連れて来る、というハーディの特命を帯びていたのである。

実はハーディは、ラッセルの手紙にあったように、ラマヌジャンから最初の手紙をもらった翌日には、すでに彼をケンブリッジへ連れてくる決意を固めていたのである。ところがインド省を通じてもたらされた情報は、本人に渡英の意志なし、ということだった。実際その件でラマヌジャンは、二月にマドラスの学生援護局に召喚されていたのである。同行したナラヤナ・イーヤーが、海を渡ってはならぬという宗教上の掟《おきて》を理由に、本人に代りきっぱり断っていたのである。

ヒンドゥー教徒にとって、外国に渡ることは身を穢《けが》すことである。セポイの乱を起こしたきっかけの一つは、インド人傭兵《ようへい》がこの掟により、海外派兵を拒否したことであった。カーストの掟を破ることは、カースト追放を意味する。追放されると、当時にあっては、友人や親戚《しんせき》を失うばかりか、妻子をも失うことがあった。葬式や結婚式には決して招《よ》ばれず、寺院への出入りを禁じられることさえあった。社会的に抹殺されるのである。カースト単位で生活や行事の営まれるインドでは、カースト追放は家族にも罪が及ぶという点で、死刑より重いとも言える絶対罰だった。

『ガンジー自伝』（蠟山芳郎訳、中公文庫）によると、ガンディーは、バラモンでなかったが、渡英の前に、親類縁者に「酒、女、肉には触れない」と誓約することで、やっと彼等の了承をとりつけた。それでもカーストの長老より、追放を宣告されたのである。

ラマヌジャンの属する正統派バラモンにおいては、掟は最も厳しく、肉食、寡婦《かふ》をめとること、下位カースト特にアウトカーストとの共飲共食などいくつもの禁止条項がある。これらを犯すとカーストの位を下げるのではなく、一挙にアウトカーストになってしまう。例えば何人かのバラモンが、自分をバラモンと偽ったアウトカーストと食卓を囲んだとする。一昔前なら、身分が明らかになりしだい、アウトカーストは殺され、バラモン達もカースト追放となったのである。そうなったら、四姓の中で最も下のシュードラでさえ、名誉を失ったバラモンとつき合ったり言葉を交したりしなかった。

十八世紀末から十九世紀にかけての三十一年間にわたり、南インドで伝道活動を行なったフランス人宣教師デュボアは、当時のインドを、『ヒンドゥーの作法、習慣そして儀式』という著作の中で詳細に報告している。この書は、ラマヌジャン時代の南インドを知る上での貴重な資料として、ラマヌジャン研究家レディ氏が推薦してくれたものである。ペンギン文庫となっているのをマドラスの本屋で購入したが、十九世紀初めに著された本が、二百年近くを経た今日でもよく売れているというのは、文学書以外ではかなり異例のことだろう。そこからカースト追放の興味ある一例を翻訳引用しよう。

「十一人のバラモンが戦争で荒廃した地方を通った。空腹で疲れ切った彼等は、やっとある村にたどり着いたが、そこは無人の村だった。米を少しだけ持っていたが、洗濯人カースト（アウトカースト、藤原註）の家にあった壺《つぼ》以外に、米を煮る器が見つからなかった。この壺に触れることは、バラモンにとって消し難い穢れとなるのは分っていたが、空腹にはかえられず、絶対に口外しないことを誓い合って、壺を百回も洗ったり磨いたりしてから、それを使って煮た。皆でそれを食べたが、一人だけ食べるのを拒む者がいた。彼は村に帰るや、主だったバラモンの所へ行き、他の十人を非難した。たちまちにして村中にスキャンダルは広がり、長老会議がもたれた。尋問の結果、十人は無罪となり、訴えた男のみがカースト追放となった。この男の背信こそがバラモンにふさわしくない、その方がより罪深いと判断されたからである」

現在ではさほど堅苦しく考えられてないが、正統派バラモンには掟を順守する人が多い。ランガチャリ教授もその一人で、海外へ行ったことは一度もない。一昔前のラマヌジャンが渡英を恐れたのも無理はない。

一九一四年の一月、ネヴィルが最初の講義を終え、控室でくつろいでいた時、ラマヌジャンが姿を現した。「これがあのラマヌジャンか。頭でっかちの小太りだ。奨学金のせいか身なりは聞いていたほど汚なくない。それにしてもこのらんらんと輝く目は普通でない」。ネヴィルはそう思いながら、外股《そとまた》で直立するラマヌジャンに挨拶《あいさつ》した。

ラマヌジャンは三日間にわたり、ノートブックの説明をした。そして三日目の別れ際《ぎわ》に、「このノートをお持ち帰りになってもよいのですが」と言った。目に見えぬ大学者ハーディや、マドラスにいる支配者としてのイギリス人に比べ、同じ年頃のうえ友達のように接してくれるネヴィルに、親近感を抱いたのである。

一方のネヴィルも、ラマヌジャンの控え目で気取らない態度に好感を持っていたが、本人の手を一度も離れたことのないノートブックを、自分に貸してくれると聞いて、すっかり感激した。

ホテルで五日間ほど、じっくりノートブックを見て、すっかり圧倒されたネヴィルは、ラマヌジャンからの全幅の信頼を支えに、思い切って念願のケンブリッジ行きを切り出した。頭ごなしに拒否された場合を想定して、説得工作をいろいろ考えていたネヴィルは、飛び上がるほど驚いた。ラマヌジャンが、承諾を即答したのである。

何が起きたのだろうか。

一年近く前に拒絶して以来、訪英こそ、踏みにじられてきたインドの叡智《えいち》と名誉を回復する絶好の機会、と考える周囲のバラモン達は、ラマヌジャンに強く翻意を勧めていた。本人も、自分の数学に対する自信を深めるにつれ、ハーディとの文通という、たった一本のパイプによる数学界とのつながりより、自ら最前線に乗り込んで、自分の成果と能力を問うてみたい、と思うようになっていた。

名声を博したいとの思いも当然あったろう。極めて純粋な学者の中には、金銭や地位にほとんど関心を示さぬ者も時々いるが、名声を望まぬ者はまずいない。ラマヌジャンにとって最大の障害は、カーストの掟にあくまでこだわる母親コーマラタンマルだった。

掟の中でも最も重大なのは、肉食を慎むことである。ヒンドゥーの古典には、牛、特に牝牛《めうし》を殺したり食べたりすると、その牛に生える毛の本数と同じ年数だけ、地獄で苦しむことになる、と書いてある。有力なバラモン達も、これさえ破らなければ、ラマヌジャンのような特殊ケースでは、一時的にカースト追放となっても、帰国後に適当な禊《みそぎ》を経れば復帰は可能、と説得する。ラマヌジャンはこれを聞いてやや安心するが、母親はいかなる説得にも頑として首をたてに振らない。「説得する方は追放にならないからいい気なものさ」と毒づくコーマラタンマルの反対は、母親との一体感の強いラマヌジャンにとって、磐石《ばんじゃく》の重みを持っていた。

こんなコーマラタンマルに、一つの事件が起こる。ある夜、夢の中で、ヨーロッパ人に囲まれている息子を見、人生の目標を達成しようとする息子の邪魔をしてはならぬ、とのナーマギリ女神の声を聞いたのである。

母親コーマラタンマルの、ナーマギリ女神に対する信心深さは尋常ではなかった。これは両親から受け継がれたものである。結婚して何年も子どもがなかったコーマラタンマルのため、その母親はナーマギリ女神に必死の祈りをかけた。ある日突然、彼女はトランス状態となり、ナーマギリがこう宣告するのを聞いた。「コーマラタンマルは子どもを産み、その第一子は余によって特別に祝福されるであろう」。間もなくコーマラタンマルは身ごもり、ラマヌジャンを産んだのである。

ラマヌジャンのこの祖母は、不思議な予知能力をもっていた。クンバコナムの娘の所にいた頃、近所で魔術による殺人が企《たくら》まれているのを、夢に現れたナーマギリにより知らされた。彼女は狙《ねら》われた人物の家へ行き、ナーマギリの指示に従い、裏庭深く埋められたまじないの卵を見つけ掘り出した。ピンと釘《くぎ》を刺したうえ髪の毛でつつまれたこの卵を、カーヴェリ河に捨て、そこで沐浴《もくよく》により身を清めてから帰宅した。足の悪い老婆《ろうば》が仕事を終え、暗い夜道を足をひきずりながら家路につく様は、ラマヌジャンの級友アナントゥによると、鬼気迫るものがあったという。

この予知能力は娘のコーマラタンマルにも孫のラマヌジャンにもあった。夢をナーマギリの御託宣として解釈するのだろうが、しばしば正しい予知をして人々を驚かせた。このためもあり、一族のナーマギリへの心酔も強まったのだろう。コーマラタンマルは、「マハーバーラタ」や「ラーマーヤナ」を、ラマヌジャンや近所の子ども達に聞かせながら、話の途切れるたびに、ナーマギリの名を唱えていた。ラマヌジャン自身も、夢に出てきた公式はすべてナーマギリのお告げによるものと、日頃から語っていた。我々の常識を超えるナーマギリ信仰だったのである。

かつての上司であり、ラマヌジャンの献身的支持者でもあるナラヤナ・イーヤーは、コーマラタンマルの夢により、母子の頑《かたくな》な姿勢にゆるみの見えたこの時を逃さなかった。ナーマギリ女神の真意を確かめるため、女神の祠《まつ》られているナーマッカルへの巡礼を思い付いたのである。

信心深い母子が戒律破りという大決断をするには、周囲の人々の保証や夢だけでは不充分で、ヒンドゥーの神様の直接のお墨つきを必要とするであろう。それに帰国後のカースト復帰の際に、自分がお墨つきを得た現場に一緒にいれば証人として役立つこともあろう。

そう考えたナラヤナ・イーヤーは、一家のナーマッカル巡礼を計画し、それにラマヌジャンを誘った。熱意になかばほだされて、一九一三年の暮れ、この二人にナラヤナ・イーヤーの母と息子を加えた四人は、ナーマッカルへ向かったのである。

この月の初め、タゴールが詩集『ギーターンジャリ』で、アジア人として初めてのノーベル文学賞を受賞した。「わが頭《かうべ》　垂れさせたまへ　君が　み足の　塵《ちり》のもと」（『タゴール詩集』渡辺照宏訳、岩波文庫）で始まるこの詩集で、タゴールはすべての存在に神を認めるというヒンドゥーの伝統精神を発揮した。ここに引用した君とはヴィシュヌ神である。

二年前に訪英し認められての受賞だっただけに、タゴールの成功はナラヤナ・イーヤーとラマヌジャンにも影響を与えていただろう。植民地の人間が真に成功するには、宗主国で成功することが必要条件なのである。この名残りは今日でも残っていて、インド、オーストラリア、ニュージーランドなどでは、イギリスあるいはアメリカで成功して初めて成功者と認められるというところがあるという。

途中のセラムまでは汽車で、そこからは鉄道がないため、ラマヌジャンとナラヤナ・イーヤーの二人だけが、丸一日牛車に揺られてナーマッカルに着いた。二人は寺院の床に寝て、啓示を得るまで、何晩でも過ごすつもりだった。

三日目の夜に、夢の中でまばゆい光を見たラマヌジャンは、隣りのナラヤナ・イーヤーを揺り起こした。「戒律を犯して海を渡れ」という啓示に違いない。夢判断の専門家でもあるラマヌジャンはそう解釈した。ナラヤナ・イーヤーは、どんな夢であってもそう解釈しようと、旅立つ前から決めていたから、ラマヌジャンの解釈には大いに安堵《あんど》した。コーマラタンマルもこれを了承した。妻ジャーナキの父親をはじめ、親戚の反対は残ったが、母子はついに渡英を決意したのである。イギリスでラマヌジャンは、ネヴィルに淋《さび》しそうにこう洩《も》らしたという。「帰国しても、もう誰も葬式には招んでくれないのです」

犠牲の大きさを充分に承知したうえで、母子は数学にかけたのである。この決意からほんの二週間ほど後に、ネヴィルはラマヌジャンに渡英を切り出したのであった。

ネヴィルは、ハーディにラマヌジャンの意志を伝えると同時に、渡航に懐疑的なインド人の説得工作を始めた。ラマヌジャンの天才を利用しようとするイギリス人の陰謀、イギリスで菜食主義は不可能、などと考える人々が、せっかく決意したラマヌジャンを翻意させては、と案じたからである。

並行して資金集めに奔走し始めた。気の変らぬうちに渡航させねば、とネヴィルは思ったのである。ネヴィルの手紙をもらったハーディも、早速ロンドンのインド省と資金について話し合うが、援助を拒絶される。

「インド省からはびた一文出せません。トリニティ・コレッジやケンブリッジ大学が出せるとも思いません。インド側で、滞在に必要な年間二百五十ポンドという額を工面するのも難しいように思えます。確固たる資金のないままイギリスへ来て、惨《みじ》めな状態にあえぐインド人学生を、我々は多く見てきました。ラマヌジャンに関して、極めて慎重にことを進めるよう忠告申し上げます」。要約すると、「そんな天才の話は以前にも何度か聞いたことがありましたよねえ。まあ熱くなるのもほどほどに」の意である。

金銭に無頓着《むとんちゃく》な数学者の典型であるハーディは、ハッと我に返り、即日ネヴィルに、インド省からの手紙を同封して注意をうながす。

「どうしても年二百五十ポンドを集めねばならない。リトルウッドと私とで年五十ポンドは出せる（ラマヌジャンには言わぬこと）。くれぐれも不確かな約束だけはしないように」

ハーディとて、手紙だけで天才と判断しているのだから、インド省官吏の冷たい言葉に、多少の自信も揺いだのだろう。インド省からの手紙を同封したのはその証拠である。

一方、実際にラマヌジャンに会い、ノートブックをつぶさに見たネヴィルにおいては、判断は確信に変っていた。と言うより、彼はほとんど興奮状態になっていた。百聞は一見に如《し》かず、とはこのことである。ネヴィルは、マドラスの何人もの有力者（ほとんどはイギリス人）に会い、手紙を書き、ラマヌジャンの天才ぶり、渡英の必要性、そして資金援助の三点を、精力的に訴えた。マドラス大学宛《あ》ての手紙はこう始まっている。

「天才ラマヌジャンの発見は、現代数学界における最大の痛快事であります」

これら有力者は、若きネヴィルの、トリニティのフェローという輝しい地位と、誠実な人柄を全面的に信用し、ほんの一ケ月もたたぬうちに、全くの特例として奨学金給付を決定したのである。大学から年二百五十ポンドを二年間、それに渡航費と支度金として計百ポンドを支給する、という内容だった。月七十五ルピーという破格の奨学金を受けていたラマヌジャンに、その五倍以上の留学資金が決定されたのである。

ハーディがネヴィル宛てに、用心を喚起する手紙を書いたちょうど同じ日に、マドラスでは、支給の最終決定がなされたのであった。有能な弟子を持つことの素晴らしさを、ハーディはかみしめたことだろう。

*

マドラスの西方三百キロにあるバンガロール空港に降り立った。ここに赴任して四年になる知人のF氏が、ナーマッカルをどうしても訪れたいという私のために、信用のおける運転手を手配してくれることになっていた。田舎町ナーマッカルを、F氏は知らなかった。

インドの庭園都市と呼ばれるここバンガロールは、標高九百メートルの涼しい高原にあるため、多くの外国企業が集まっている。インドのシリコン・バレーと呼ばれるほど、エレクトロニクスやコンピュータ、特にソフトウェア産業が盛んで、インドでもっとも急成長中の都市である。ＩＢＭ、モトローラ、マイクロソフトと、軒並みに進出している。

　迎えに来ているはずのＦ氏はいなかった。空港の玄関、といっても日本の村役場の玄関くらいのものだが、そこを出たり入ったりして探しているうちに、何匹かの蚊に刺された。十分ほど遅れてＦ氏が現れた。インドの都市は、どこも交通渋滞なのである。会うなり開口一番、「蚊にだいぶ刺されましたが、エイズ、マラリア、デング熱は大丈夫ですか」と心配して言ったら、「ええ、大丈夫です。私はいつも刺されていますが、一度もかかっていません」とインド的な回答をした。

　空港から市内への道に、物乞《ものご》いが見えなかった。インドでは例外的に繁栄しているのだろう。Ｆ氏によると、バンガロールの急激な変化はほんのここ三年くらいのことらしい。政府が規制緩和に踏み切ったため、それまでためらっていた外国資本が、インドの優秀な頭脳、安価な労働力、英語が通用するなどの理由から、比較的に涼しいバンガロールに、集中してきているという。中国や東南アジアにあった拠点を、ここに移す企業もかなりあり、いずれインドではなく世界のシリコン・バレーになるだろう、という景気のよい話だった。

　インド人技術者の優秀さの背景には、初等教育で数学的思考や論理的思考が強調されていること、中学から学ぶサンスクリット語の構造がコンピュータ的思考に近いこと、などがあると言われている。

夕食をホテルの中華料理店で一緒にとりながら、車で田舎を旅行する際の諸注意を与えてくれた。

「世界で最も運転マナーの悪い国だから、充分に注意してください」

「安全ベルトやエアバッグはついていますか」

「そういうものはありません」

これでは何に注意したらよいのかよく分らなかった。夜はライトをつけないトラックが、こちらの車線を疾走したりするから、運転をせずホテルにいた方がよいこと。炎天下で脱水症状を起こしやすいから、ミネラル・ウォーターの一・五リットル瓶を常時三本は用意しておくこと。大きなホテルは大都市にしかなく、それ以外は衛生状態が悪いから、昼食はバナナと水ですませた方がよいこと。公衆トイレはどこにもないから、ホテルを出る前には必ずすませること。仕方ない時は野原ですることになるが、蛇に気をつけること。南の山道を通るときは山賊に気をつけること。ホテルは一応各町で最高級のものを予約しておいたから、毒グモやサソリは出ないと思うが、蚊、ハエ、ヤモリくらいは我慢すること。私は何となく意気消沈した。

翌朝八時、運転手のディーパックがやってきた。F氏の会社で使っている運転手の弟である。インドでは珍しい野球帽をかぶっている。一キロ七・五ルピー（二十五円）で契約してある。一日貸し切りで二百五十キロ走っても、六千円くらいだから日本に比べれば安いものである。五日間は拘束することになるから家族持ちなら気の毒だ、と思っていたら、三十歳の独身というので安心した。赤い野球帽は、二ケ月前に母親を亡《な》くした際に頭を丸めたので、それを隠すためだった。

緑が多く街路が清潔なのは、外国人を呼び寄せるための政策だろう。インドのどの都市ともあまりに違うので、ディーパックに物乞いはいないのかと尋ねると、主要道路沿いから市が掘立小屋を撤去したためという。ある地区に行けば大勢いる、と聞いてどこか安心を覚えたのは、人間が例外を好まぬ動物だからだろう。

Ｆ氏に言われたとおり、マーケットで一本五十円のミネラル・ウォーターを三本と、一本七円ほどの長大バナナを数本購入した。インドでは物価が驚異的に安い。給料が驚異的に安いのだから、インド人にとっては安くないのだが。ディーパックは一本四円のバナナがここ数年で七円になったと、政府の無策を怒っていた。物価が安い中で、大都市の高級ホテルだけは例外である。東京のホテルに遜色《そんしょく》ない宿泊費のうえに、贅沢《ぜいたく》税と支出税とかで、合わせて三十パーセントほど加えられる。インド人客に全く異なる料金体系を用いているのは、不公平といおうか、合理的である。

一時間ほど市内を見学してから、南へ向かった。バンガロールはカルナータカ州にあり、タミル語とは文字まで異なるカンナダ語が使われている。一時間ほどしてタミル・ナドゥ州に入った。ラマヌジャンの州のせいか、入ったというより帰ったという気分だったのがおかしかった。ディーパックに言葉は大丈夫かと聞くと、「ノー・プロブレム」と言った。インド人の「ノー・プロブレム」は「問題あり」と思ってよい、とF氏から聞いていたので少々心配になった。案の定、彼のタミル語はよく通じず、ヒンディー語や英語をまじえて話していた。北部への強い対抗心のためだろう、タミル・ナドゥ州ではヒンディー語さえよく通じない、とディーパックはこぼしていた。

ココナッツやバナナの樹々《きぎ》の間に、水田が見えてきた。日本のものより緑が幾分濃いようだ。それまでの赤茶けた大地に比べ、いかにも豊かに見える。水田の真ん中に、サリーを着たかかしがいた。水田とは美しいものだ、とつくづく思った。インドに来て、何かを美しいと思ったのはこれが初めてだった。

ディーパックがあくびをしたので、居眠りされてはと、コーヒーに誘ったら、すぐに同意した。彼の後をついていくと、よしず張りの茶店に入っていく。水道などはないし、どんな水を使っているか分らないので、私だけはそのまま通り過ぎて、道路の向かい側でココナッツを飲むことにする。自転車に山ほど積んだ、長径三十センチ近いラグビーボール型の実を、なたで割ってくれるのである。炎天下にあるため、なま暖かいのが難点だが、うす甘く瓜《うり》の香のジュースは栄養価が高いうえ、一個二十円と安い。何より清潔な水分を三百ccくらい摂取できるのがありがたい。

かなり田舎に入ったのに、道から人影が絶えることはない。大変な人口をかかえていることは歴然である。そのうえ川や沼では、たいてい人々が水浴びか洗濯をしている。日本でなら、石鹸《せっけん》をつけた衣類をもむところだが、インドではそれを石に叩《たた》きつけている。人間から少し離れたところに、水牛が首だけ出している。

道路はでこぼこはあるが、いちおう舗装されている。道の両脇《りょうわき》には、タマリンドの木が植えられており、下の一メートルほどは帯状に白黒のペンキが塗られている。ガードレール代りなのだろう。タマリンドの木の間から、砂糖きび畑や緑の田がのぞく。田と田の境界に植えられた、背の高い椰子《やし》の木が、畦《あぜ》に木蔭《こかげ》を作っている。時々道沿いに村落がある。四角い小さな家々には、たいてい椰子の葉やわらで葺《ふ》いた軒がある。日蔭を作るためだが、住民自らつくるのだろう、どの軒もゆがんだり波打っていて掘立小屋のように見える。

村落に入る直前には、車のスピードを落とすために、必ず路面に高さ五センチほどのこぶがある。ゆっくり走ってもかなりドシンと来る。村落では、道路が狭いうえ、道の脇を人間や自転車のほか、いろいろな動物が歩いていて不意に横切ったりする以上、信号をつける費用は無論ないからこの出っ張りが必要なのである。

デカン高原の南端あたりから、長い下り坂を下りてセラムに着いたのは、予定より早く二時半だった。F氏がバンガロールのインド人達に聞いたところ、七時間はかかるということだった。たった四時間余りで到着したのは、車で遠出するなどということがほとんどないため、道路がよくなったことを誰も知らなかったのだろう。

ナーマッカルを目指すナラヤナ・イーヤー一行は、インド数学界創立の立役者、R・イーヤー教授の家に泊まった。南インドのバラモンには、イーヤーが多くていやになる。この教授、自他ともに教授と呼んだが、本当は数学愛好の副収税官なのもインドらしい。四方を丘で囲まれたこの町は、ラマヌジャンが訪れた頃は人口七千だったが、今では繊維や製鉄業により六十万の都市にふくれ上がっている。

あらかじめ予約しておいた、当地最高のホテルに向かった。七階建てはこれまた当地随一の高層ビルである。ほかには二階建てくらいしかないので、五階の部屋から市が一望できる。ただ、部屋はすこぶるインド的だった。ベッドはほこり臭く、シーツには穴があいており、冷房も大きなうなり音のわりに全く効かない。ハエがいるのはトイレが臭《にお》うせいだろう。トイレに紙はなく、白いプラスティックの大きなコップが置いてあるのは、インド人のように右手で水を入れたコップを持ち、左手で処理せよ、ということだろう。ティッシュを山ほど持ってきてよかった、とホッとした。蛇口にはHとCがあったが、どちらからも四十度くらいの湯がでてきたのは、HとCがその平均値に調整されているのではなく、単にHが作動してないだけなのだろう。室内のほこりや臭いより、室外のほこりや臭いの方がまだましと、すぐに外出することにした。

ナーマッカル行きのラマヌジャンが降り立ったセラム駅へ、行ってみることにした。

彼等のナーマッカル行きは、戒律を破るのに不可欠な段取りという、ナラヤナ・イーヤーの思惑《おもわく》とは別に、ラマヌジャン自身にも必然があった。訪英の機が熟しつつあったその頃、ラマヌジャンは憂鬱《ゆううつ》だった。彼を訪れた故郷の友人には、「これだけ皆に勧められては仕方ない」と無表情に言っていた。宗教上の理由の他に、数学上の理由もあったと思う。

インドでは天才と言われるし、ハーディ先生も賞賛してくれているが、植民地インドの無学な青年、ということでことさら騒がれている可能性もある。自分の実力が、本当に先進国のトップエリートと太刀打ちできるものなのかは不明である。世界最高の大学を最優等で出た彼等に対し、自分は世界最低と言ってよい大学さえ落第中退したのだから。

新しい定理や公式は泉のように湧《わ》き出てくるが、目新しいだけでさほどの重要性はないかも知れぬ。重要かどうかの判定すら、自分ではできない。ハーディ先生は、証明証明と催促するが、なぜそんなにしつこく言うのか本当のところはよく分らない。イギリスへ行っても、毎日同じように問いつめられるのだろうか。自分にとっては明白な理由があるのに、それが彼等の証明と呼ぶものでないかぎり、ノートブックにある宝物には、それに初めて証明を与えた人の名が冠せられる恐れもある。横取りとは言えないまでも、そのような形で合法的に栄誉を奪われるとしたら、これまで空腹を抱え、生命を燃焼させながら頑張ってきた努力は水泡に帰してしまう。

ラマヌジャンが冴《さ》えない表情で下車したセラム駅は、町の中心からやや外れた所にあった。駅の外観も、プラットフォームも、日本の地方駅によく似ていた。イギリスは産業革命の結果として、世界で初めて鉄道を敷設《ふせつ》したが、他の国々はすべて、鉄道の威力を目《ま》のあたりにして、まずそれを敷設してから産業革命にとりかかったのである。当然イギリスの真似《まね》をしたから、世界中の駅はどこも相似ている。改札口を入るとコンクリート製のプラットフォームがあり、白ペンキ塗りの鉄柱で支えられた屋根が、プラットフォームを覆《おお》っている。駅名が白い看板に黒字で記してある。

セラム駅も、肌の黒い人達がいることを除き、どこか郷愁をさそうところがある。プラットフォームに立って、ラマヌジャン達四人の通った線を追いながら、ここまで来なければならなかったのだな、と思った。そして、家族を巻き添えにしてまでラマヌジャンをここに連れて来た、ナラヤナ・イーヤーの献身ぶりに畏《おそ》れ入った。ふと気が付くと、東洋人が珍しいのか、赤いターバンに半ズボンの赤帽が数人、仕事の手を休めて私を注視していた。

翌朝、カレー跡の点在するテーブルで朝食をとってから、南のナーマッカルへ向かった。ラマヌジャン生誕の地イロードゥへ行くことも考えたが、そこは母方の祖父の勤務地に過ぎず、ホテルのフロントで聞くと、回り道のうえ道路事情は悪く、町はほこりっぽくろくなホテルもない、ということなのであきらめた。セラムよりほこりっぽく、このホテル以下のホテルしかない、というのだから、よほどひどい所なのだろう。

セラムからナーマッカルは一本道だから、ラマヌジャンも同じ道を牛車で通ったに違いない。タミル語でマートゥ・ワンディと呼ばれる牛車は、たいてい二頭の牛に引かれる。インドのあらゆる生き物と同様、やせていて肩の骨がぽこっと上にとび出している。二本の角だけは立派で、しばしば赤や青、黄のペンキが塗られたり、リボンや鈴がつけられている。気の毒なほど貧弱な牛の尻《しり》を、棒でよく叩いているが、聖なる牛でも、牡《お》牛《うし》に限り、それくらいは許されているのだろう。

徒歩と同じくらいの速度だから、ナーマッカルまで五十キロゆえ十時間はかかったはずである。牛車は夜は歩かないから、夜明けとともに出発し、夕暮時に到着したのだろう。

桑、ひまわり、ピーナッツなどの畑が続く。この辺りは水がないのだろう、水田は見えなくなっている。

一時間半で、人口五万の町ナーマッカルについた。ゆるゆると坂を登ると、まもなく草木の一本もない岩山がすぐ前に現れた。岩山というより、垂直に切り立った高さ五十メートルほどの、台形の岩塊である。頂上にはモスレムの砦《とりで》がある。この砦の直下に、岩肌に接するようにヒンドゥー寺院がある。向かって右手がナラシムハ神（ヴィシュヌ神第四の化身で半人半ライオンの姿をした神）の神殿、左手にある小さ目のものが、ナラシムハ神の配偶神ナーマギリ女神を祀《まつ》る神殿となっている。

中年婦人が入口の石階段に坐《すわ》り、祭礼に使用されるココナッツ、レモン、ジャスミンの花などを売っている。ココナッツは、神の前で割って見せ、自分の心の純潔を示すためのものである。

どこのヒンドゥー寺院でも、靴を脱がねばならぬ。靴下をはいていてもよいそうだが、そうしている人は誰もいないので、私も裸足《はだし》になる。インド人はいつもサンダルか裸足だから簡単だが、靴をはく人間にとっては、面倒である。何より焼けた石で足裏が焼けそうになる。

入口の階段を登ると、中年の男女が神殿に向かってサーシュタンガを繰り返していた。サーシュタンガとは、最高の敬意を表すため、顔、胸、両手、両肘《りょうひじ》、両足と八つの部分を地面につけて、ひれ伏す行為である。両肘を頭より前に出すのが特徴である。この伏拝は、古代より西アジアからエジプトにかけて広く行なわれていたものらしい。旧約聖書の創世記にもしきりに出てくる。この二人が憑《つ》かれたようにこれを繰り返すので、そばで見ていて少々気味が悪かった。

ナーマギリ神殿の本堂は、石で建造された二十メートル四方ほどの小さなものであった。神殿入口の鉄扉《てつぴ》の前に並ぶ信者を、上半身裸の眼鏡をかけた祭官がとりしきっていた。このバラモンが、色白のうえ、胸も背も欧米人の如《ごと》く毛むくじゃらなので驚いた。東ヨーロッパ人と同族のアーリア人が、二千年以上も前にバラモンとなったことが証明されているようだった。同一カースト内での婚姻をはじめとする、カーストの掟《おきて》の厳しさを思い知らされたような気がした。

「ここがナーマギリ女神の本堂ですね」

「その通りです。ここで待って下さい。中での写真撮影は禁じられています」

私のカメラを見てそう言った。外国人は私だけのようだった。聡明《そうめい》な表情に加え、美しい英語だから、よほどのインテリなのだろう。

十数年前、オーストリア人数学者と一緒に京都の寺を訪れた。大座敷に坐って待っていると、何人かの僧侶《そうりよ》が似た装束で出て来た。この時、彼が「左から二番目の僧侶が最も偉い人に違いない」と私に小声でささやいた。名高い貫主だった。言葉や慣習は知らなくとも、顔だけでかなりのことは分るのである。

この辺鄙《へんぴ》な田舎の小寺院に、どこか不釣合いな祭官だった。このような、学識と高潔を備えた祭官が各地にいたことと、度重なる異教徒の侵略にもかかわらず、ヒンドゥー教がインドの民の心をつかんで放さなかったこととは、無関係ではあるまい。

中が狭いので、三十人くらいずつが交代で入る。むっとするほどむし暑い内部に入ると中は細長い長方形で、突き当りに開かれた鉄扉があり、さらにその五メートルほど向うの暗がりに、ナーマギリ女神の本尊が鎮座していた。顔は黒く、金色の掌《てのひら》をこちらに見せ、右手を上、左手を下に向けている。額の赤いナーマムと白く光る目が際立《きわだ》っている。光背はジャスミンの白い花で飾ってある。三人ほどの僧侶が、読経《どきょう》のようなものを唱えながら、ナーマギリ本尊まで進み、何かの粉を周囲にまき、赤い布を本尊の右腰に、四つのレモンを左腰に置いた。灯りをかねて、植物油を数ケ所で燃やしている。十センチほどの炎の立っている一つを、本尊のそばに近づけると、みなが一斉に合掌した。それがすむと、祭官が、水を銀製の器から少量とって、我々の掌にのせてくれる。ついで全員の額にナーマムとして、赤い粉と黄の練物をつける。最後に、各人の頭に銀製のおわんをかぶせる格好をした。

ラマヌジャンも同じことをしてもらい、感激のうちに出て来たのだろう。私は外が涼しいので感激した。内部は四十度はあったろう。カレールーのようなナーマムは気になったが、ラマヌジャンの女神のものと考え、その日一日はそのままにしておいた。夢の中で新しい定理が出てくるかとも思ったが、あいにく夢さえ見なかった。近頃のナーマムは効力があまりないらしい。

本堂の前には、彫刻をほどこした何本もの石柱と、平らな石屋根とで形作られた空間がある。壁がないため、風通しのよい日陰を作っている。

ここの石床で、ラマヌジャンとナラヤナ・イーヤーの二人は、三日三晩を過ごしたのである。石に腰を下ろして見上げると、寺院に接する岩山が、石灰岩の白い肌をぐいと碧天《へきてん》に突き出している。

ラマヌジャンは着のみ着のままで、ここに横たわったに違いない。生まれた時から、毎日幾度となく母親に聞かされてきたナーマギリ女神を前にして、感動のうちに永遠の尊崇を誓い、その許しと異国での加護を希《ねが》ったのだろう。

そして三日目の夜に、待望の夢を見たのである。外国からの観光客は誰も訪れない、南インドの果ての、このくすんだ灰色の敷石の上で、ラマヌジャンの数学史への登場が決定されたのである。

思わず敷きつめられた石の床をなでてみた。粗い手触りの表面は温かかった。境内に植えられた、グルモハルの木の黄色い花が、乾いた風に揺れていた。

巨大な岩山にそびえる奇巌城《きがんじよう》の如き砦、ロックフォートの下に広がる都市ティルチーで、身体《からだ》を休めた。岩山があると、すぐに砦にするのが、インド人の習性なのだろう。広大な平地の真中にある岩山は、確かに下から攻めづらいが、兵糧《ひようろう》攻めには弱いはずである。一週間も包囲すれば、くんでおいた水はみな腐ってしまう。この点を現地の人に質《ただ》すのを忘れたのは残念である。もしかしたら砦では、ガンジスの水を使っていたのかも知れない。

インドの旅はとにかく疲れる。暑さというより、現代文明から隔絶されることによる、神経の消耗である。衛生面に細心の注意を払うだけでも、気をつかう。うがいや歯みがきはミネラル・ウォーター、シャワーで洗髪する時は口元をしっかり閉じて洗った後、ミネラル・ウォーターでうがいする。外のレストランは屋台みたいなものしかないから、危なくて食べられない。知人のインド人も、外食するとよく腹をこわす、と言っていた。一流ホテルでも、熱を通したもの以外は、野菜や果物サラダでさえ手を出さなかったし、水道水を凍らせた氷は最も危険なので、ジュースにも入れさせなかった。

食物だけではない。ボンベイでは、金銭をねだるストリート・チルドレンにしつこくつきまとわれた。ストリート・チルドレンを描いたインド映画「サラーム・ボンベイ」の主人公クリシュナは、貧しい農村から出て来て路上生活を始める。十二歳ほどの彼は、紅茶（チャイ）の配達をしつつ、ごみあさり、盗み、麻薬密売までする。田舎の母親に手紙を出したいのだが、学校に行ってないから文字が書けない。街頭の代書屋に書いてもらったが、代書屋は少年が手数料と郵便代を払って姿を消すや、破って捨ててしまう。田舎に帰る日のために貯《た》めておいたものは、仲間に盗まれる。娼婦《しょうふ》の母子と仲良しになるが、行きがかりでそのヒモを刺し殺してしまう。

クリシュナ役の子は本当のストリート・チルドレンから選ばれたらしいが、彼によく似た少年を次々に見るのも疲れることであった。

カルカッタでは、中途から切断された腕を、車の窓に押しつけてきたり、両脚のない人が歩道にころがって金銭をねだっている。ハンセン病などの患者もいるが、物乞《ものご》いとして一生食べて行けるよう、幼い頃にわざと切り落とす例も多いという。

神経が疲れるのも無理はない。ティルチーのロックフォートの、四百三十七段の階段を登りながら話した若いイギリス人女性も、「インドは身も心も疲れ果てる」と言った。階段のことではないようだった。胃腸をこわし、水だけで生きているようなものと言った。それでいながら、一人でインド中を汽車とバスで一ケ月も旅しているのは、イギリス人特有の自虐《じぎやく》趣味かも知れない。世界中どこにでもいるアメリカ人観光客に、ここでほとんど出会わないのは、苦行に耐えられないからだろう。発展途上国からの観光客がいないのは、自分達がやっとの思いで脱《ぬ》け出したもの、忘れたいものを、たっぷり思い出させられるからに違いない。

先進国の人々で、インドに魅了される者がいるのは、中世と現代の共存する、目の回るような多様性の中に、文明を剝《は》ぎとった人間、仮面をとった自分自身を目のあたりにするからであろう。どこで何を見ても、否応《いやおう》なしに何かを突きつけられる。それは驚きであり、時には憤激や感動であり、常に知的刺激である。絶え間ないこの刺激も、疲労を深める大きな一因であろう。インド疲れは回復するのに、帰国後三週間はたっぷりかかるのである。

ティルチーで一泊した翌朝、車で東に小一時間のタンジャブールへ向かった。ここは十世紀頃、東南アジアにまで勢力を伸ばしたチョーラ王朝の首都でありバラモン文化の中心地でもある。ここからクンバコナムへは車で一時間の距離だが、クンバコナムによいホテルがないので、タンジャブールに泊まることにしていた。

この地域一帯は、カーヴェリ河口デルタをなしていて、インドでも最も肥沃《ひよく》な地である。十三世紀にこの辺りまで来たマルコ・ポーロは、『東方見聞録』の中で、インドでも最良の土地であり、王様は比類なき富に恵まれている、と記している。
この肥沃の地を背景に、チョーラの王様達は、あり余る財力で寺院を建立《こんりゅう》したから、タンジャブールからクンバコナムにかけては、多くの立派な寺院がある。

中でもチョーラ王朝最盛期の紀元一〇〇〇年頃に建築の始まった、タンジャブールのブリハディシュワラ寺院は、インドにある数え切れない寺院の中で、最も壮麗なものの一つである。横七十五メートル、縦百五十メートルの長方形の境内は、周壁に沿った回廊で囲まれ、中心軸上に、高さ六十メートルにも達する本殿や仁王様に似た彫刻をほどこしたヴィマーナ（神殿屋根）がそびえている。インドのヒンドゥー寺院の中では最も高く、四角錐《すい》の形をした頂上部には八角形の帽子のようなものがある。これは八十トンもある花崗岩《かこうがん》であり、この巨岩をどうやって六十メートルも持ち上げたかは謎《なぞ》である。

寺院全体の雄大さもさることながら、幾何学的とも言える均斉のとれた配置、シヴァ・リンガの並ぶ回廊を飾る壁画、本殿やゴプラム（門塔）、祠堂《しどう》壁面の彫刻などがことごとく見事で、南インド人の高い芸術性を十二分に立証している。

私はふと、ラマヌジャンの発見した公式の美しさを思い起こした。それらはよく「奇抜」と称せられるが、それは単に珍しいという意味ではない。常人が想像できないほどの美と調和を有している、という意味に近い。リトルウッドはかつて、ラマヌジャンの仕事を見て、「この世のものとは思われぬほど美しく特異」と評した。

純粋数学というのは、種々の学問のうちでも、最も美意識を必要とするものと思う。実社会や自然界からかけ離れているため、研究の動機、方向、対象などを決めるガイドラインが、美的感覚以外にないからである。論理的思考も、証明を組み立てる段階で必要となるが、要所では美感や調和感が主役である。この感覚の乏しい人は、いくら頭がよくとも数学者には不向きである。

美からかけ離れたように見える、インドの如き混沌《こんとん》からラマヌジャンが生まれたということは、インドに来て以来、私の脳裏を離れない謎であった。それは、モーツァルトがインドで生まれたとしたら、世界中の人が抱くだろう疑問と、全く同質のものであった。

頭脳が極端に秀《すぐ》れた人間というだけなら、確率的にどこにでも発生するのだろうが、美感や調和感の方はそうはいかない。これらは、五感を通して体得しない限り、培《つちか》うのが難しい。そのためには、美や調和の存在とそれを尊ぶ伝統の両方が不可欠である。数学の天才は、人口さえ充分にあればどこにでも出現するというものではない。

インドの都市はどこもお世辞にも美しいと言えないし、ラマヌジャンの育った地域は、起伏に欠けただだっ広いデルタに過ぎず、単調な海岸線も美しいとは言えない。

実は、この近辺で育った天才は、ラマヌジャンばかりでない。ラマン効果の発見者で、アジア初のノーベル賞に輝いた物理学者ラマンも、ラマヌジャン生誕の一年後に、先ほどのティルチーで生まれているのである。ラマヌジャンと同様、このラマンも美意識の強烈な人だった。空の青さ、虹《にじ》の高貴、星のまたたき、蝶《ちょう》の羽のゆらめきなどが彼を物理学へ導き、また彼の研究動機ともなったという。

またラマンの甥《おい》にあたり、二十世紀を代表する天体物理学者で、ブラックホール理論の提唱によりノーベル賞をもらったチャンドラセカールも、その祖父母はともにクンバコナム近郊の出身なのである。祖父は、ラマヌジャンの通ったクンバコナム中等学校の卒業生でもある。チャンドラセカールの伝記『チャンドラ』によると、ラマヌジャンの死んだ時、彼はマドラスの小学生だったが、自分と同じような者でも、途方もないことを成し遂げることができる、と大いに励まされたという。

いずれにせよこの付近は、偉大な科学者を輩出するという点で異常とも言える地帯なのである。

ラマヌジャンも何度か見たであろう、タンジャブールの、このブリハディシュワラ寺院を見て疑問が氷解した。これだけの雄大かつ精緻《せいち》な石造建築を造営するには、長い歳月にわたり、芸術的感性と技巧を有する、多数の建築家や石工を必要とする。芸術家の分厚い層がこの地に存在したことを意味する。美的感覚がこの地には濃厚に存在したのである。

この辺りはチョーラ王の政策により、タンジャブールに九十三、クンバコナムに十八と寺院が例外的に多く、ヒンドゥー教の中心地帯とも言えるのである。北インドに侵入した異教徒、特にモスレムにとっても、いくつもの大きな山河を越えて、ここまで遠征するのは難しかった。もともと北インドに起源をもつヒンドゥー教やヒンドゥー文化が、今ではむしろ南インドで、より純粋な形で保たれているのは、南インドの隔絶性のためである。この地域のヒンドゥー寺院は、全インド的にも、権威あるものとされている。

タンジャブールとクンバコナムばかりでなく、この辺りには、こんな所と思えるような寒村に、壮大かつ極端に美しい寺院があったりする。クンバコナム北方三十キロの、ガンガイコンダチョーラプラムという誰も知らない村にも、度胆《どぎも》を抜く寺院がある。それまでにいくつものヒンドゥー寺院を見て、感動することのなかった私が、この地ではいくたびか息を呑《の》んだ。そしてこれら寺院が、私には、ラマヌジャンの公式自体によく似て見えたのである。

ラマヌジャンは、家から歩いて二分のサーランガーパニ寺院をはじめとするこれら寺院を、毎日訪れては祈り、また大伽藍《だいがらん》のひんやりした石畳にあぐらをかき、静寂の中で数学を考えていたのである。

それに多数の寺院は多数のバラモンを意味する。この一帯は昔からバラモンの人口比率が他の地域に比べて高い。ラマヌジャンはこのような伝統ある寺院町で、とりわけ美しい寺院と、精神性を尊ぶバラモンに囲まれ育ったのである。

クンバコナムは、文明の果てのインドの、またその果てにありながら、天才を産むに足る、光輝ある土壌の地だったのである。私はやっと腑《ふ》に落ちて、安堵《あんど》の息をついたのであった。

タンジャブールからクンバコナムへの道は、肥沃を示すように緑一色である。カーヴェリ河からの灌漑《かんがい》用水が発達していて、田畑が左右に続く。時折、ピーナッツや米を道路半面に広げ、乾燥させていたりする。道路は熱く焼けているから、能率的なのだろうが、そのたびに右車線に出なければならない。放置された土管などには、円形の牛糞《ぎゅうふん》がいっぱいに貼《は》りつけられている。乾燥させるとよい燃料になる。アウトカーストの者が、牛小屋清掃と引き換えにもらうのである。

エジプトはナイルの賜物《たまもの》、と言われるが、インドはモンスーンの賜物である。エチオピアの高原を越えてやってくる赤道西風は、インド洋で大量の水蒸気を吸収し、六月から九月にインド北部や西部で、南西モンスーンの大雨をもたらす。南インドは北東モンスーンの影響で、秋が雨期である。この恵みの雨がなければ、インドは人間が住むには厳し過ぎるだろう。

インドはどこも乾期が長いから、農業にとって灌漑用水こそが生命線である。この地はカーヴェリ河が乾期でも涸《か》れないうえ、ほぼ一年中暑いから、二期作が可能である。道路の左右に、刈り取った田と、まだ穂さえつけてない稲のそよぐ田が混在していて、私のような信州出身者には奇妙な風景である。

中には田植中のところもある。サリーを着た娘達が、膝《ひざ》までサリーを上げて、なわに沿って苗を一つ一つ植えている。刈り取りは男の仕事という。大多数の田は寺院やバラモンが所有しており、それを小作人にまかせたり、農業労働者を雇って耕作させたりしている。

ディーパックによると、農業労働者のほとんどは、村の四分の一ほどを占めるアウトカーストに属するらしい。彼等は小作人にもなれず、バラモンに隷属《れいぞく》して働いたり、日雇い労働などに従事している。近年になって、アウトカーストが組合をつくり、賃上げ要求をしたり、小作権を認めさせたりする運動が起きているという。何千年もの間、上位カーストに隷属する民と自ら認め、無気力なその日暮らしをしてきたアウトカーストが、このような運動をするとは、革命的なことである。ただその結果、土地所有者との緊張が高まり、この地域の村で、数十人のアウトカーストを小屋に追いこんだ地主が、小屋に火をつけ焼き殺す、という事件が起きたという。

アウトカーストは通常、村から少し離れた所にある粗末な小屋に住んでいる。ある村を通っている時、みすぼらしい小屋の並ぶ所で母親が、八歳位の娘の後から頭髪のしらみを取っていた。なぜか「親近感」のようなものがこみ上げ、私はディーパックに「どれか小屋の内部を見せてもらえるだろうか」と尋ねた。何でも言うことを聞いていた彼がみるみる顔をくもらせ何かを口ごもるので、あきらめざるを得なかった。彼が私の要望に素直に従わなかったのはこの時だけだった。電気、水道、便所もなく、子ども達は土に敷いたゴザで眠るらしい。一昔前まで、穢《けが》れが移るといって、カーストの者は彼等の家の前さえ通らなかった。だから、ディーパックが拒否するのも無理はないのかも知れない。

デュボアによると、彼等の衣食住は、言語を絶するほど不潔であり、しばしば伝染病の発生源にもなったという。一昔前は、バラモンは、彼等に道ですれ違っただけですぐに沐浴《もくよく》した。彼等がバラモンの居住地域を通ることは禁じられていたが、もし違反した場合でも、バラモン達が自ら彼等を打つことは決してなかった。長い棒の先で彼等に触れてさえも、必ず穢れが移るとして、他のカーストに打たせたのである。

それにしてもひど過ぎる、と思った私がなかば義憤から「農業労働者などをやめて、町の工場で働けばよいのに」と強い口調で言うと、ディーパックは首を振る。アウトカーストのほとんどは、小学校（五年制）や中学校（五年制）をきちんと修了しないため、大工場での就職が難しいらしい。たとえ大工場に職を得ても、非熟練工のような安い賃金の仕事しかまかされない。上級職は、教育熱心な、バラモンをはじめとする、全体の一割余りの中産階級が独占している。

クンバコナム近くに、モスレムだらけの村があった。ヒンドゥーの根城と言える地帯なのに、モスクさえある。集団改宗である。インド憲法起草者の一人、アンベードカル博士は、中部インドのアウトカーストだが、幼いころ学校の水飲み場で水を飲んだため、上位カーストの者に殴られた。抜群に優秀だった彼は奨学金を得てボンベイ大学に学び、後にロンドン大学に留学し、コロンビア大学で学位をとった。ロンドンの法曹界で仕事をした後、インドに帰り高級官僚となったが、その時でも上位カーストの部下から書類を投げつけられたという。後年、彼は数十万のアウトカーストを率いて仏教徒になった。カースト制度の特に強く残る南インドでは、イスラム教、仏教、キリスト教などに集団改宗する者も多いが、彼等がまた一つの新しいカーストを作るだけで、カースト制度から完全に解放されることはないのである。

百メートルほど向うで田植する、青や黄のサリーの一群が余りに美しいので、車を降りて写真におさめていたら、私に気付いた彼女達が手を振った。私も大きく手を振った。

原色のサリーが、南インドのそよ風にゆれて、緑の野に輝いていた。

クンバコナムに入るとすぐに大きなタンクが目に入った。マハマカム・タンクである。十二年に一度、この地に大勢の巡礼客が集まり、この一万坪近くあるタンクで沐浴する。一九九二年の二月には、二百万人もの人々がここに集まったため、壁が倒れ、六十名が下敷きとなり死亡した。これは日本でも報道されたが、クンバコナムの名が日本の新聞に出るのはこれが初めてで最後かも知れない。これほどの人が次々にタンクに入るのでは、かなり不潔と考えられるが、祭りの日には、ガンジスをはじめとする九つの聖なる河が、地下水を通してこのタンクに流れ込む、と言われているから大丈夫なのだろう。ラマヌジャンも、八歳と二十歳の時に、これに参加した筈《はず》である。

サーランガーパニ・東サンナーディ通りに、ラマヌジャンの旧居はあった。幅十メートルほどの赤土の道に面して、近所で最も質素な家が、ラマヌジャンの旧居だった。家の前に立つと、通りを百メートルほど行った正面に、サーランガーパニ寺院の十一階建てゴプラムが、台形の威容を見せてそびえている。

古い写真と見比べると、旧居の軒は椰子《やし》の葉で葺《ふ》かれていたが、現在は赤茶のトタン屋根に改造されている。かつて玄関口は深い軒の奥にあったが、今は風通しの丸穴をいくつも開けたしっくい壁が道に面して出来ている。所々欠け落ちたしっくい壁には広告ポスターを貼った跡があちこちに残っている。下半分は土がはね上がったのだろう、道路と同じ赤土色である。軒下だった所は、物置き場となっている。

生ゴミ集めの牛車が隣りに止まっていて、異臭が漂う。やせ細った白ヤギと黒ヤギが、私と家の間を歩いて行く。ラマヌジャンが育った家、という表示はどこにもない。大天才の家なら、このまま朽ちるのを待つより、記念館にするなり何か保存の方法もあるものを、と半ば不満を覚えながら、右端のドアをノックすると、若者が出て来た。十六歳という。愛想はないが、親切に内部を案内してくれた。

十八年前に家族がここに移って来たと言う。著名人の家ということで、タミル・ナドゥ州の所有であるため、いちおう本体だけは改装禁止となっている。軒先も改装禁止にすべきと思った。

家は間口四メートル、奥行十五メートルほどの長方形で、右端に入口がある。ペンキがはげ落ちてむき出しのコンクリートにところどころ土がこびりついている。入るとすぐ上に、ラマヌジャンの写真が額に入って飾ってある。首を右に少し傾《かし》げたこの写真は、イギリスから帰国する際のパスポート写真である。ラマヌジャンの写真を私は三枚しか知らない。インドでとった写真はなく、他の二枚はイギリスでの集合写真である。このパスポート写真は、チャンドラセカール博士が、「ラマヌジャンは私の最大の発見」と言ったハーディの言葉をもじって、「パスポート写真は私の最大の発見」と言ったものである。

博士は一九三六年に、貧困にあえいでいた未亡人ジャーナキを探し出し、自宅に招いた時、「ハーディ教授が御主人の写真を欲しがっているが何かありませんか」と彼女に尋ねた。初めはないと答えた彼女が、しばらくして思い出したのがこのパスポート写真だった。病いに臥《ふ》していた頃の写真だが、ハーディが「目には、まだ天才の輝きが失われていない」と評しただけあって、よく写っている。ラマヌジャンの胸像も切手も、みなこれをもとにしている。

短かい廊下を進むと、十二畳ほどの居間があり、天井にはガラスなしの天窓があった。明かりと風通しのためだろうが、雨期には雨が吹き込むし、夏には蚊が自由に出入りするはずである。部屋の壁に沿って、幅十センチほどの排水溝があるから、雨水はそこから裏庭まで流れるのかも知れないが、蚊の方とは仲良くしているのだろう。

ディーパックは、一泊三百円くらいの宿賃を倹約して、毎夜窓を明け放った車の中で眠っていた。こちらの人は蚊を大して気にしないのだろう。一匹の蚊で一晩中眠れないこともある私は、毎朝、車の蚊を殺すことから一日が始まった。五匹殺すと、三匹くらいはディーパックのものとおぼしき血を吸っていた。ディーパックが殺さないのは殺《せっ》生《しょう》だからかも知れない。

居間の壁と天井には、衣類、ズタ袋、神様の絵を入れた額など、ありとあらゆるものが所狭しと吊《つ》り下がっている。床や廊下にも雑貨が散らかっている。ガラクタ置き場のようだが押入れや家具が何一つないから仕方ない。

オレンジ色のサリーを着た、コーマラタンマルに似た母親は、微笑《ほほえ》んでくれたが、腰から下に白いドーティを巻いただけの白髪の父親は、突然の訪問者を快く思わないのだろう、憮然《ぶぜん》とした表情で椅子《いす》に腰かけたまま、そっぽを向いている。会計士をしているそうだが、顔立ちが立派なうえ、態度もふてぶてしく、聖なる白紐を肩から斜めに掛けているところなど、どう見てもバラモンである。肉食社会から来た私を、不浄と見なしたのかも知れない。私が神棚の前でカメラを構えた瞬間、「ノー」と鋭い制止の声を発した他は、終始沈黙していた。そっぽを向いていたはずなのだが。

紫色のサリーをまとった、ハイティーンのお姉さんは、石の床で眠っていた。別のバラモンの家を訪れた時も、若い女性が二人、床で眠っていたから、恥ずかしい格好ではないのだろう。バラモンの女性が家にたむろしているのは、良家の女性の一人歩きは好ましくないとされているからでもある。買出しに女性が出る、ということもバラモンではまれらしい。

これは日本でもかつてはそうだった。江戸末期の水戸藩の女性を描いた『武家の女性』(山川菊栄著、岩波文庫)によると、「良家の婦人が外へ出るのは盆暮に実家への挨拶《あいさつ》、親戚《しんせき》の吉凶、親の命日の墓参り、神社の参詣《さんけい》ぐらいのもので、ほかにはまず出ませんでした。女の一人歩きは、主人の顔にかかわる、はしたないこととされていた時代のことで、出るとなれば伴《つ》れか、お供がなければなりません」とある。南インドも、似ているのだろう。

台所は四畳ほどで、壁には元の色が分らないほど油や土がこびりついていた。バラモンらしくすべての調理器具やコップは金属製で、土で作られているがゆえに不浄とされる陶器は一つもなかった。

部屋は居間、台所と、息子が使っている三畳間があるだけである。ラマヌジャンが生まれてからは、家計の足しに二人ほど学生を間借りさせていたから、弟二人が生まれてからは、よほど窮屈だったに違いない。

ラマヌジャンがイギリスから父親宛《あ》てに出した手紙に、「家は魅力的なたたずまいを維持すること。排水溝はいつも通りの流れにしないこと」、とあるのは彼のユーモアである。いつも家は雑然としていて、台所水と吹き込む雨で、排水溝はしばしばあふれて居間中を水びたしにしたのだろう。

玄関から両脇《りようわき》に物が置かれて狭くなった廊下をまっすぐに歩くと、居間に入り、ついで台所を左に見て裏庭に出る。ここに立派な洗濯場、水槽、丸井戸、トイレなどがある。どれもがっしりした石造りで、裏庭が最も整頓《せいとん》されている。

「見学者はよく訪れるの」と息子に聞くと、「欧米人が時々来るけど日本人ははじめて」と答えた。彼は将来、医者になりたいらしい。よく勉強をしている顔である。インドの受験戦争は激烈で、将来を保証された医大や工科大学に入学するには、一日十五時間の猛勉が必要という。

バラモンなどの土地所有層は、土地を切り売りしては、子どもの教育資金にまわしているという。また新しく勃興《ぼっこう》した中産階級も、息子の高学歴はダウリーを引き上げ、娘の高学歴はダウリーを引き下げるから、教育には本腰を入れる。こうして自由競争の時代になっても、階層社会は簡単に変らないのである。

バラモン支配を突き崩すため、連邦政府やタミル・ナドゥの州政府では職員の十五パーセントを、また州の大企業では十八パーセントを、アウトカーストから採用せねばならぬ、などの法律がある。アウトカーストに指定席を与える法律は一九五〇年代よりあるが、最近ではますます勢いを増し、マドラス大学では全体の三十二パーセントだけを成績で合否判定し、残りはすべて非バラモンから合格させることになっている。

三パーセントほどの人口でありながら、国の中枢《ちゅうすう》で指導的役割を独占してきたバラモンへの、懲罰的行政が実施されていると言ってよい。ここまで突っ走るのは、アメリカのアファーマティブ・アクション（黒人など差別されてきた者を雇用や入試などで優遇する制度）の影響もあるのだろう。

二千年以上にわたり、インドの人々はバラモンを敬い、バラモンはそれに応《こた》えるべく、高邁《こうまい》な精神と質素な生活を旗印に、知識階級をなしてきた。人々はバラモンの考え方や生き方に理想を見、それを真似《まね》ることで向上を目指した。バラモンの社会的役割はこの点でイギリスの紳士階級に似ていないこともない。マルコ・ポーロも「バラモンの商人ほど立派で信頼できる者はいない」と書いている。今日でも、私が南インドで話した非バラモンのほとんど、知識人からディーパックまでが、バラモンを信頼し尊敬している、と口をそろえて言っていた。

イギリスからの独立のため、最も勇敢に戦った人々の多くはバラモンだった。ネルーなどは、ケンブリッジ大学卒業後、三十一年間独立のために闘い、その三分の一はイギリス刑務所にいた。チャンドラ・ボースは、やはりケンブリッジ大学を卒業した後、独立運動に参加した。武力によるインド解放を企図したため、非暴力主義のガンディーと対立し、刑務所に入れられた。保釈中に身をくらましベルリンへ逃れ、敵の敵は味方というこ とから、日独と協力してイギリスと戦うことを呼びかけた。一九四四年には日本軍のインパール作戦にインド国民軍を率いて参加し、一時はインド北東部に侵入したが失敗し、終戦の三日後、東京に向かう途中、謎《なぞ》の飛行機事故で死亡した。

インドの後進性や閉鎖性を、バラモン支配あるいはカースト制度に帰着させるという論理は、イギリスで教育を受けた者が中枢を占めていた時代には、支配的でなかった。自ら階級社会のイギリスは、その功罪をわきまえたうえで慎重な行動をする。バラモン撲滅という、イギリス的でない、ましてやインド的でない手荒な改革は、アメリカで高等教育を受けた者が実権を握るようになったということなのだろう。

宣教師デュボアは「カーストはヒンドゥーの最高傑作」とまで言った。カースト制度に対する近年のヒステリックな攻撃は、インドに対する、新しい形の欧米型論理の押しつけのようにも思える。

このような押しつけは当然反発を生む。現在、幼稚園から高校までを含め全国で一万八千校を擁する組織「インド学校」は、百八十万人の生徒達に必修課目としてヒンドゥー教による道徳教育、サンスクリット語、ヨガなどを教えている。宗教に触れない歴史教育はあり得ないから、これら学校ではやや偏向した歴史も教えられているという。外からのあからさまな干渉に対し、ヒンドゥー原理主義のようなものが生まれてきてしまうのは、危惧《きぐ》すべき必然と言えよう。

結果の平等のみにとらわれたこの人為的政策が、よい結果をもたらすかは不明である。今のところは、成功した一部のアウトカーストが、都会に出て中産階級になったくらいで、大部分のアウトカーストは相変らず、小学校をも満足に卒業していない。一方では、アウトカーストの適任者が現れたという理由で、突然大学を解雇されたバラモンが自殺したり、大学を首席で卒業した学生が、医学部大学院にアウトカーストのための席しかなかったため進学できなかったり、といったような事件が起きている。極端な逆差別に失望し、インドを捨てて外国へ渡るバラモンも、近年急増しているらしい。

私は、ラマヌジャンの旧居に住むこの聡明《そうめい》な若者の前途も、バラモンゆえにかなり厳しいものになるのだろう、と思った。

ラマヌジャンの卒業したクンバコナム中等学校へ行った。家から歩いて五分とかからない所にある。半官半民で、校庭の真中には、ラマヌジャンのいた頃からあるという、マルゴーサの大木が大きな影を作っていた。

ラマヌジャンはここで目覚ましい成績をあげた。数学では最優秀賞を何度もとり、賞品としてワーズワース詩集などをもらっている。内気なため、級友に自分から話しかけることは少なかったが、年長の者も先生も、稀有《けう》の秀才として一目を置いていた。学校の英雄だったのである。このまま行けば奨学金獲得、大学進学、高い地位、幸せな結婚、と輝かしい道が開けているはずだった。ところが卒業間近になって、あのカーの『純粋数学要覧』に出会ってしまったのである。後戻りできない出会いだった。

この中等学校には、今でも十一歳から十六歳までの子が通っている。大きな校舎の割に粗末な門を入ると、紫色のロングスカートにピンクの半袖《はんそで》の、数十名からなる女生徒が私に気付き、一せいにささやき合ったり、恥ずかしそうに笑ったりした。この地で東北アジア人を見ることはまずないからであろう。インド女性は、若いうちは美人ぞろいである。日本で女生徒から注意を払われることのとんとない私は、ごく自然に頬をゆるませ、ごく自然に手まで振った。

校長室は、ラマヌジャンの頃からある本館二階にあった。壁にガンディー、ネルー、リンカーンの額があった。奴隷《どれい》解放のリンカーンは場違いな気もするが、解放のシンボルということなのだろう。

天井には扇風機があったが、気温三十五度でも回っていなかったから、多分まったく回らないのだろう。

ヴィスナタン校長は、ラマヌジャンゆかりの学校の校長であることを、誇りにしており、突然の訪問にもかかわらず歓待してくれた。この校長もバラモンである。たった三パーセントくらいなのに、要所要所ではバラモンばかりに会う。私が要所要所で、「バラモンですか」と聞いているということでもある。インド人が公然とカーストに言及することはまずない。ひそひそ話の中にしか登場しない。この点、日本人という、インドで悪行を働いたことのない種族の私は、割合と無邪気に聞けるのである。この校長も家に戻ると、シャツを脱いで額にナーマムをつけるという。

肉と酒は御法度《はっと》だが、かみタバコはよいらしく、キンマの葉をかんでいる。紫色の歯を眺めていたら、「健康によくないことは分っているのですが、ストレスもあるので」と言ってすまなそうな顔をした。

この日はちょうど期末試験中だった。校長は私を連れて校内を見学させてくれた。小講堂があって、入口に大きな金文字で、ラマヌジャン・ホールと書かれてあった。中に入ると百人近い少年達が試験を受けていた。皆ベージュの長ズボンに白い開襟《かいきん》シャツという出立ちで、裸足《はだし》とサンダルばきが半々くらいだった。大人が少々混じっているのは、中学卒という資格をとりたい人々なのだろう。

女生徒がいないのは、共学というのが建前に過ぎぬからである。試験は別々、教室でも左右に分れて坐《すわ》っているという。「男女が話し合ったら退校処分にする」と校長は息まいているから、陰では話す者もいるのだろう。カーマ・スートラの国であり、寺院でも男女交歓の彫刻やリンガ（抽象化された男根）が普通に置かれているのを見ると、この国は性に寛大で愛に厳格なのかも知れない。

校長は構わず奥へ歩を進めると、静粛な小講堂にこだまする大声で、故事来歴を説明し始めた。生徒達は試験に身が入らず、日本人が珍しいこともあり、全員が私を注視している。校長は身を小さくしている私を意に介さず、二分間ほど試験妨害をしてから、我々はホールを出た。校長は、二分間の中断で失うものより、外国人まで見学に訪れる母校に誇りを持つことの方が大きい、と思っているのだろう。バラモンには確かに、知的で尊敬すべき人が多いが、傍若無人を兼ね備えていることも多い。

クンバコナム州立大学を訪れることにした。

ディーパックに休憩時間を与え、はじめてサイクル・リクシャーに乗ることにした。距離は一キロ余りだが猛暑で歩く気にはなれない。客待ちする何台かのサイクル・リクシャーの中から、実直そうな車夫を選んだ。五十代に見えるが、苦労のため老《ふ》けて見えるだけで実際は三十代かも知れない。値段を交渉しようとしたが、英語が通じない。通りがかりの男が、片道十ルピー（三十五円）と通訳してくれた。

ほとんどの車夫は、英語はおろか、タミル語で書いてもらった行先を見せても分らない。発展途上国を旅する時に、地図や手帳に書かれた地名を指さしながら道を尋ねる時ほど、識字率を実感することはない。インドの成人識字率は五十二パーセント（一九九五）である。もう少し詳しく述べると、男性は六十五パーセントで、女性は三十七パーセントである。女性の識字率が極めて低いのは、学校へやるより働かせた方がよいと親が思うからである。マドラスとクンバコナムで小学校を見たが、女生徒は男子生徒の半分ほどだった。

黒い肩を光らせた車夫が、やせた身体《からだ》のすべてを一方のペダルに乗せると、リクシャーはようやっと動き始めた。決してサドルに腰かけることはない。右、左、右、左と交互に体重をかける。車夫の体重は五十キロ、私は七十三キロだから、スピードも速歩くらいにしかならない。曲がり角では車ごと横倒しになりそうになる。たった三十五円でこれだけ酷使するのは気が引ける。ただし雑踏を地上二メートルから見下ろしながら走る、というのは気分のよいことである。申し訳なさと征服者の気分を同時に味わった。

カーヴェリ河沿いを走り、橋の前で止まった。この幅一メートルほどの狭い橋をわたった所が大学である。支払いをすまそうとすると、車夫は受け取らずに何か言う。横にいた学生らしき男が、「ここで待っている、と言ってます」と英語で私に言う。急がされるのも、と思った私が「一時間近くかかるかも知れない」と答えたら、「待ってます、往復二十ルピー（七十円）です」と言う。たった十ルピーの帰り道のために、一時間待つというのだから、客は一日にせいぜい数人どまりなのだろう。可哀《かわい》そうになって車夫の申し出を承諾した。

この大学は、タンジャブールの王様の妾《しょう》より下賜《かし》された土地に、一八五四年に設立された。南インドでは最も古い大学であり、南インドのケンブリッジとも呼ばれた。ケンブリッジ大学がケム川辺りにあるのと同様、この大学はカーヴェリ河沿いにある。また、人口が現在の三分の一だった当時のクンバコナムが、ケンブリッジのように、歴史ある、静かで知的な雰囲気の町であったろうことは、河畔をリクシャーで通りながら想像したことであった。

ラマヌジャンの頃、この橋はなく、幅四十メートルほどの河を渡し舟で渡ったらしい。乾期なら膝《ひざ》までまくり上げれば、浅瀬をつたって向う岸まで歩いて行けそうである。数学教室へ行くとここでも歓待してくれた。ココナッツまで割ってくれた。この地の偉人ラマヌジャンに興味をもつ人間なら、すべて大歓迎するのだろう。

反バラモン運動により、この数学教室でも、二十年前に全体の半分ほどいたバラモン教官が、今は一人もいない。研究者と呼べる者はいないし、優秀な学生もやって来なくなってしまったという。公平は達せられたが、大学は沈滞の底に眠っているようであった。

講師の一人が学内を案内してくれた。まず図書館で、ラマヌジャンにとって決定的出会いとなった、カーの書物を探してもらったが、出てこなかった。ラマヌジャン回顧展のような機会に、この書物が展示されたというから、紛失したのだろう。

図書館から、白いハスの浮かぶ大きな池の横を通り、ラマヌジャンの学んだ校舎へと向かった。キャンパス内の学生達は、裸足もいず身なりもきちんとしていたから、裕福な家の子弟が多いのだろう。人なつこく微笑《ほほえ》んでくれるのでうれしかったが、切れそうな学生はほとんどいなかった。濃緑の木立ちに囲まれた建物は、老朽化しているものの、屋根に丸い塔を配し、往時の気品をうかがわせるものだった。教室には三人掛けの長机と長椅子《ながいす》があり、前には小さな黒板がたてかけてあった。

ラマヌジャンはこの教室で授業も上の空に、カーの書物の定理を、片端から証明しては、自らの定理を加えていたのである。四分の三以上の出席を課した校則があったから、歴史学や生理学などの授業に出ていたのだが、誰も止めることのできない、数学の熱病にとりつかれていた。休憩時間でさえ、暗誦《あんしょう》していた一千万までの素数を友人に次々に言ってみせたり、魔方陣の作り方を教えたりと、相手の興味におかまいなく数学の話を聞かせていた。

数学しか頭にないから、中等学校では得意だった英語で、百点満点中三点という始末だった。教官達はみな、彼の数学における異常な才能を認めてはいたが、余計なことに力を注いで落第点をとる、と嘆くばかりだった。

当時、数学講師だったセシュー・イーヤーさえ同じだった。後に出世して、マドラス大学教授、クンバコナム州立大学長となったこの数学者は、彼の数学について話をじっくり聞いてやる、ということさえしなかったのである。自分よりはるかに秀《すぐ》れた才能への嫉妬《しっと》があったのかも知れない。ラマヌジャンが奨学金を停止され、退学となる時でさえ、彼の才能の特異性を当局に訴え理解を求める、などのことを何もしなかったのである。ラマヌジャンがその頃、「セシュー・イーヤー先生は冷たい」と友人に洩《も》らしたのは、自分の数学を理解しうるクンバコナムで唯一《ゆいいつ》の人なのに、という彼の思いを示している。ラマヌジャンの死後、彼がいろいろ美談調の回顧を書いているのは、腑《ふ》に落ちないことである。この州立大学で、ラマヌジャンは、危うく潰《つぶ》されかかったのである。

当時の硬直した学校組織において、ラマヌジャンの救われる道はなかった。今のインドでも、日本においてさえも、救われるか疑問である。無限大の能力者は無限小の確率でしか現れない。このような人間の出現を想定して規則は作られていない。すなわち規則破りの特例で対応するしかない。人間を扱う教育現場では、公平の原則からいったん離れ、時には特例を認める度量が必要なのだろう。この点ケンブリッジは立派である。高卒のインドの事務員に過ぎぬラマヌジャンを、招聘《しょうへい》したばかりかフェローにまでしたのだから。

教室の外へ出ると、カーヴェリ河をわたる涼風が、汗をふきとばしてくれた。ラマヌジャンが思索の合間に見上げたであろう、ナーギャリンガの大木が、赤く大きな、エロティックな形の花を、下に向けて咲かせていた。

＊

あわただしい渡航準備が始まった。ラマヌジャンは早速、洋式の礼儀作法をならい、身につけたことのない背広、ネクタイ、靴などを買いそろえる。それでも、禁を犯す罪悪感からは逃れられず、故郷の友達には、二年ほどカルカッタに行ってくる、などと嘘《うそ》をついたりした。身の回り品は友達に譲った。大きな石板は、どうしてもと言うナラヤナ・イーヤーにあげた。これさえあれば、新定理が続出と思ったのかも知れない。

妻のジャーナキを連れて行くことも検討するが、研究の支障になりかねないと考えあきらめる。真摯《しんし》な青年研究者は、はじめて長期留学をする時、気負いからとかくそう考え勝ちである。張りつめて長期間研究するのに不可欠な、健康管理や精神安定にまで考えが及ばないのである。攻撃に全神経が注がれ、守備を忘れるのである。この落し穴にはまったことがあとで高くつくことになる。

母親と妻をエグモア駅で見送った後、最後まで延ばし延ばしにしておいた仕事にとりかかる。額のナーマムを消し去り、ついに頭のタフトゥを切り落としたのである。物心ついた頃からつけていたものだから、相撲取りが髷《まげ》を落とすよりつらかっただろう。これを失った姿を母親や妻に見せることは、心やさしいラマヌジャンにはできなかった。

一九一四年三月十七日、ラマヌジャンは英印連絡船ネヴァサ号に乗船する。気が変らぬうちにと、ネヴィルが工面して、最も早い切符を手に入れたのである。桟橋と太いロープで結ばれた、黒塗りのネヴァサ号は、中央部に太い煙突をもつ、九千トンの新型船だった。

歓送に集まった、ナラヤナ・イーヤー、スプリング卿《きょう》、その他マドラスの名士達に、船長が下りて来て、「ラマヌジャン氏は私が面倒をみますからご心配なく。彼が私を数学で苦しめない限りはね」などと軽口を叩《たた》く。みなが拍手喝采《かっさい》で応《こた》える。賑《にぎ》やかな人々から少し離れた甲板に立つラマヌジャンは、思い溢《あふ》れてかひとり涙にくれていた。

ケンブリッジに着いたラマヌジャンは、新しい土地に慣れるまで、ということで最初の数週間ほど、ネヴィルの家の世話になる。新婚の家に数週間もインド人を泊めて、衣食住の面倒まで見るというのは、イギリスではほとんど考えられないことである。マドラスで会って以来の、ネヴィルの惚《ほ》れ込みようが分る。

トリニティ・コレッジの寮に移ったラマヌジャンは、毎日ハーディの研究室を訪れることになる。靴は持っていたが、めったに履かず、サンダルで通ったらしい。イギリス人は、靴に慣れていないせい、と思ったが、本当は靴が牛皮でできているのが耐えられなかったのである。一昔前、インドにいるイギリス人は必ず召使いを何人も雇っていたが、すべてアウトカーストだった。それ以外の者は、肉料理を作らされることと牛皮の靴で蹴《け》とばされることを我慢できなかったのである。

初めてノートブックを手に取ったハーディは、手紙で知っていた何百もの公式が、ほんの氷山の一角であったことを知る。高卒の資格しかもたないインドの事務員を、学問の中心地ケンブリッジに招聘するという前代未聞《ぜんだいみもん》の勇断を、誇らしく思ったことだろう。

ハーディとラマヌジャンは絶妙のコンビだった。「ラマヌジャンは毎朝半ダースほどの新定理を持って現れた」とハーディは後に語ったが、その価値を検討し、厳密な証明を与え、論文形式に完成させるのが、ハーディの役割だった。天才と大秀才のコンビは、数学では理想のコンビなのである。

ケンブリッジ到着二ケ月後の、一九一四年六月に起きたサラエヴォ事件をきっかけに、翌月、第一次世界大戦が勃発《ぼっぱつ》し、八月にはイギリスも参戦した。ケンブリッジの町は野戦病院や訓練キャンプでごった返すが、その中で二人は、十篇もの共著論文を著すことになる。中でも分割数の漸近《ぜんきん》公式は、それ自身の重要性はもとより、証明で用いられた円周法が、解析的整数論に革命をもたらした、という点で特記されよう。

分割数とは、数をいくつかの和として表す仕方の個数である。3は3または2＋1、1＋1＋1と三通り、4は4または3＋1、2＋2、2＋1＋1、1＋1＋1＋1と五通りに表せる。従って3の分割数は3、4の分割数は5ということになる。数が大きくなると、その分割数は不規則かつ急激に大きくなる。コンピュータによると200の分割数は何と3972999029388である。分割数の研究はすこぶる難しいが、二人の驚異的な漸近公式を200の場合にあてはめると、3972999029388.004と、ほぼ正確な値を計算できるのである。

ハーディは晩年、天賦《てんぷ》の数学的才能について採点したことがある。ハーディ自身は二十点、リトルウッドが三十点、二十世紀数学の巨匠ヒルベルトが八十点、そしてラマヌジャンが百点だった。

ハーディはラマヌジャンの恐るべき直観力と洞察力を「オイラー級」と讃嘆《さんたん》したが、同時にその無知にも驚かされた。十九世紀数学の宝物とも言える、素数定理やゼータ関数の関数等式を独力で発見する、という離れ技を演じた同じ人物が、数学科の学生なら誰でも知っている、最も基本的なコーシーの積分定理さえ知らなかったからである。証明とは何かの概念さえ、ほとんど持ち合わせていなかった。

ラマヌジャンの思考プロセスは、よく論議されることである。彼自身は、「自然に答えが浮かんだ」と言ったこともあるし、友人のアナントゥに、「信じてもらえないだろうが、すべて毎日お祈りしているナーマギリ女神のおかげなんだ」と言ったこともある。占星術や夢占いを信ずる彼が、そう思ったのは確かかも知れないが、ハーディはその考えを否定し、こう考える。底にはやはり、一般数学者と同様に、帰納と類比、例証や計算などがあったに違いない。ただこれらの鋭さや組み合わせの自由度が極端に高かったのではないか。厳密性や余計な知識の束縛から解放されていたことも、発想を柔軟にしたことだろう。ハーディはそう考えたからこそ、彼に大学課程の数学を徹底的に叩き込む、などという危険を冒さなかったのである。

しかし、ラマヌジャンの公式の放つ異様な輝きを、これらだけに帰着させようとするのは、単にハーディをはじめとする多くの数学者が、ほかの要因を思いつかぬというだけのことかも知れない。

ラマヌジャンは、「我々の百倍も頭がよい」という天才ではない。「なぜそんな公式を思い付いたのか見当がつかない」という天才なのである。アインシュタインの特殊相対性理論は、アインシュタインがいなくとも、二年以内に誰かが発見しただろうと言われる。数学や自然科学における発見のほとんどすべては、ある種の論理的必然、歴史的必然がある。だから「十年か二十年もすれば誰かが発見する」のである。

ラマヌジャンの公式を見て私が感ずるのは、まず文句なしの感嘆であり、しばらくしてからの苛立《いらだ》ちである。なぜそのような真理に想到したかが理解できないと、その真理自体を理解した気に少なくとも私はなれないのである。それは誰かが、我が家の柿《かき》の木の根元に金塊が埋まっていると予言し、それが事実だった時の気分である。事実は認めても、予言の必然性や脈絡をたどれぬ限り苛立つ。

数学では、大ていの場合、少し考えれば必然性も分る。ところがラマヌジャンの公式群に限ると、その大半において必然性が見えない。ということはとりもなおさず、ラマヌジャンがいなかったら、それらは百年近くたった今日でも発見されていない、ということである。

ラマヌジャンの思考過程を、数学者が知りたがるのは、その必然を明るみに出さない限り、何とも落ち着かないからである。「インド」とか宗教の介在に抵抗を感じるのは、神秘や宗教を理性とか科学の対立項として見ることに慣れ過ぎた、現代人の限界かも知れない。我が国の誇る独創的数学者岡潔《きよし》は生前、浄土宗の系統を引く光明主義を信仰しており、毎朝一時間念仏を唱えてから数学に向かったという。大発見のいくつかが、非常に少数の天才による、宗教に根差したものであった場合、大半の数学者はその経験がないから、とうてい了承し得ないだろう。ハーディのごとく拒絶まではしなくとも、狐《きつね》に鼻をつままれた気分になる。すなわちいつまでたっても、そのような話は、真偽とかかわりなく天才の個人的経験の域を出ないのである。

ラマヌジャンは菜食主義のうえ、バラモン以外の者が料理したものを、不浄として口にしなかったから、ホールでは食事をとらなかった。手軽に手に入るフライド・ポテトさえ、ラードで揚げるからと言って決して食べようとしなかった。寮の部屋に戻ると、洋服をインドから持参したドーティに着替え、マドラスやクンバコナムの友人達から送られた香辛料を用い、ラッサムやサンバーなどを料理していた。ラッサムに入れるタマリンドが切れると、レモンやライムを代りに使ったりした。

彼の住んでいた学寮の部屋を訪れたことがある。トリニティ・コレッジの正門から、トリニティ通りを横切った所にある、フィーウェル・コートと呼ばれる寮である。数理物理学を専攻する、中国系シンガポール人の大学院生が住んでいた。「君はラマヌジャンの部屋にいるのだ」と教えてやったら、すっかり驚いてそわそわし始めたのが愉快だった。

十五畳ほどの居間兼寝室の隅に出窓があり、その下にレンジが置いてあった。窓を開けると四角い芝生の中庭が見えた。ラマヌジャンはこの部屋の壁にヒンドゥーの神々の、色鮮やかな絵を飾り、菜食を守り、毎朝毎夕の祈《き》禱《とう》を欠かさなかった。すでに戒律を破ってしまったことを考えると理解に苦しむが、やはり彼は生粋《きっすい》の南インド人であり、敬《けい》虔《けん》なヒンドゥー教徒だったのだろう。帰国後の禊《みそぎ》も期待していたに違いない。ただしハーディはそう考えない。ラマヌジャンを知るすべてのインド人が、ナーマギリ女神に対する彼の熱烈な帰依《きえ》を証言するのに反し、ハーディはまたもそれを否定する。一九三六年に行なったハーヴァード大学での講演録の中で、こう言っている。「彼にとって宗教は、単に順守すべきものに過ぎず、心からの確信を伴ったものではなかったと思う。彼はある時、すべての宗教は程度の差こそあれ、みな真実のように見える、と言って私を驚かせたことがあるからだ。インド人達の言うことと私の言うことのどちらが正しいのだろうか。私は自分が正しいと確信している」

私はハーディが間違っていると思う。ハーディは、キリスト教とかイスラム教のような、直線的な宗教にとらわれ過ぎている。アーリア人のヴェーダの宗教から発し、徐々に土着の宗教と習合して成立したものが、ヒンドゥー教である。特定の開祖もいない。ありとあらゆる地方神を吸収し、通過儀礼などを通して民衆を確保してきたのは、出家至上主義をとった仏教とも大分異なる。その結果、例えばヴィシュヌ神は、人や亀《かめ》、魚、ライオン、猪《いのしし》など千の化身を持つとされる。シャカですら、ヴィシュヌの第九の化身とされている。これら神々は、他のどの宗教より人間的で、恋をしたり、争ったり、嫉妬して呪《のろ》いをかけたりする。「マハーバーラタ」や「ラーマーヤナ」には、そんな神々が頻繁に現れる。

神と人間の境界があいまいで対立していない。ヒンドゥー教徒の信ずる輪廻転生《りんねてんしょう》（死んでまたこの世に再生し、また死んではこの世に再生するという考え）においても、次の世では人間に生まれるとは限らない。『マヌ法典』には、穀物を盗む者はネズミ、肉を盗む者はハゲタカ、果物を盗む者はサルに生まれ変わると書いてある。生まれ変わるのが人間であっても、イスラム教徒やキリスト教徒かも知れない。

自らの宗教、自らの神のみを絶対的とする、直線的世界観でなく、もろもろの宗教を包み込んだ、広がりをもった世界観なのである。諸宗教のうちでも、最も直線的と言われるイスラム教と、多神教のヒンドゥー教が、インドで共存することをどうしても理解できぬ欧米人が多いが、ヒンドゥーの度量は極めて大きいのである。ヒンドゥーと本質的に似ている仏教に慣れ親しんでいる日本人には、さしたる無理もなく理解できることである。

「宗教はみな真実のように見える」とラマヌジャンが言ったのも、この意味であって、ヒンドゥー教に帰依していないどころか、それこそがヒンドゥーの世界観なのである。そしてヒンドゥー教徒が最終的に希求する輪廻転生からの解脱《げだつ》には、バクティ（帰依信仰）と呼ばれる、自分の選んだ神に一切を委《ゆだ》ね、その前に身を投げ出すことが求められる。そのためにはいささか面倒な儀礼を実生活で順守することが、最重要なのである。ラマヌジャン高等数学研究所のランガチャリ教授でさえ、朝夕の祈禱や沐浴《もくよく》はもちろん欠かさない。私が教授宅を訪れた夕方六時頃には、夫人が入口前の道路に、二メートルおきくらいに白の石灰で、三つの幾何学模様を描いていた。一つは円の中に星型の図形を描いたものだった。そして最後に、清めるように水を道のあちこちに少量ずつまいていた。

ラマヌジャンがイギリスで菜食主義を通し、毎朝祭礼用のドーティをはき、ナーマムを額に描き、壁に貼《は》った神様に祈りを捧《ささ》げ、身を浄《きよ》め、それから朝食をとり、出掛ける前に洋服に着替える、という面倒をくり返したのはこのためである。順守こそバクティなのである。そしてバクティにおける順守の重要性の主唱者こそ、十一世紀の大哲学者、マドラス近郊出身のラマヌジャであり、ラマヌジャンの名もそこから取ったのであった。

バクティの大きな特徴は、聖典の知識はなく身分は低くとも、人間を愛するように神を愛し一心に祈れば、その恩寵《おんちょう》により救済されるという所にある。これによりヒンドゥー教は七、八世紀に、それまで勢力を保っていた仏教やジャイナ教に代り大衆に浸透していった。このような考えは大叙事詩「マハーバーラタ」の中の「バガヴァッド・ギーター」の中にもすでに萌芽《ほうが》が見られるが、宗教史の表面に初めて登場するのは七世紀タミル地方においてで、これが年月をへて次第に全インドに広がっていったのである。

タミル地方が先頭を切ったのは、男女の愛を具体的に歌いあげるシャンガム詩の伝統があったかららしい。シャンガム詩における男女の一途《いちず》の愛に慣れ親しんでいたタミルの人々は、吟遊詩人が寺から寺へと歩き、男女を神と人間に置きかえ、神を絶対者としてでなく恋人のように愛し讃《たた》える歌を吟唱するのを、ごく自然に受け入れたのだった。

欧米人の考える、神と人間とか、物質と精神といった二元論的世界観は、インドでは通用しないのである。

ラマヌジャンが、自らの発見をナーマギリ女神のおかげ、とくり返し言ったのもこの意味ではないか。ナーマギリ女神が実際に新しい定理を教えたのではなく、女神と一体化したおかげ、と考えたのではないだろうか。

ハーディは、ラマヌジャンのような天才につきものの、「東洋の神秘」、「東洋の不可思議」を否定しようとする余り、勇み足を犯したようである。西洋的合理精神の輝いていた時代にあって、その権化《ごんげ》とも言えるハーディが、合理精神の枠内でしかものを考えられなかったのは無理ないことである。

ハーディの親切さ、公正さは、ラマヌジャンを感激させ、ラマヌジャンの桁外《けたはず》れの才能と素朴な人間性は、ハーディを魅了したが、最も深い部分では、分り合うことができなかったのではないか。西欧の理性と、東洋の魔術的詩人の間に、埋まらぬ間隙《かんげき》が存在したように、私には思えるのである。

初期の張り切りが抜けると、イギリス特有の冷たく憂鬱《ゆううつ》な天気、そして孤独がラマヌジャンを弱らせていった。一人暮らしのうえ、ケンブリッジ唯一《ゆいいつ》の社交場とも言えるホールで食事をしないため、話し合うべき友人もできない。イギリス人は、アメリカ人のように他人を気軽に家に招く、ということをあまりしないし、まして菜食主義者を招《よ》ぶ人はまずいまい。イギリス婦人の料理のレパートリーは、日本人に比べ驚くほど少ないから、対応できないのである。

ただでさえよそよそしい一般イギリス人が、ずんぐりした浅黒いインド人を、どう扱ったかはおおよそ見当がつく。繊細な彼は傷つくのを恐れ、回りに壁を築き、中に閉じこもり勝ちとなる。疎外《そがい》はますます進行する。他人の目がひどく気になり始める。触れ込みほどでもない、と思われていないだろうか。着想こそ涸《か》れないが、先生の助けなしに、独力で論文を書くことさえままならぬ。厳密な証明の必要性も充分に把握できない。二十代後半の彼にとって、性的欲求が全く満たされないのも、自信喪失に連らなったかも知れない。淋《さび》しさにたまらぬ夜は、南インドの明るい陽光、ベンガルの青い海、バナナやココナッツが山と積まれた市場、原色のサリーと白いドーティの翻《ひるがえ》る通り、さざ波のように聞こえてくるタミル語、母親が緑鮮かなバナナの葉に盛った、ドラヴィダ料理の香り、そして未《いま》だ十代の可愛《かわい》いジャーナキ、などが心に浮かんでは消えただろう。

当初は数ケ月で終息すると考えられていた戦火は、広がる一方だった。多数のインド兵が、終戦後の自治権拡大を信じ、イギリス軍に参加し、西部戦線やアフリカで戦った。七万名もが戦死している。

ケンブリッジの各コレッジに設営された野戦病院は、傷病兵であふれていた。トリニティでも、ニュートンの友人で、セント・ポール寺院を設計したクリストファー・レンの手になる高床のレン・ライブラリーは、床下に板が敷きつめられ、包帯を巻いた兵が大勢横たわっていた。ハーディの部屋も診察室になったりした。

リトルウッドは、他の多くのフェローと同様、志願して軍隊に入り、ケンブリッジを離れた。学生も戦前の十分の一に減っていた。パブリック・スクールで教育を受けた、若手研究者や学生は、ノブレス・オブリージュ（高貴な者に伴う義務）として、率先して続々と最前線へ向かって行ったのである。ノーベル賞が確定的と見られていた若手物理学者ヘンリー・モーズリーは、志願したトルコ戦線で壮烈な戦死をとげた。国家に奉仕する方法は前線に赴くことだけではない、と何度も諭した師のラザフォードを振り切っての陸軍志願だった。悲報を受けた原子物理学の父ラザフォードは、あそこまで行かなくてもよいものを、と涙にくれたそうである。

この大戦によるケンブリッジの痛手は、計り知れなかった。イギリス全体でみても、第一次大戦における死亡者数は第二次大戦の三倍に上るのである。

数学仲間では、良心的兵役拒否者と言えるハーディを除いて、誰もいなくなった。すっかり淋しくなったケンブリッジの街は、夜になると真暗だった。ドイツのツェッペリンによる爆撃を恐れて、通りのガス灯は一つ残らず消されていた。北緯五十二度のケンブリッジは、冬期には一日六時間余りの日中を除いて、中世の暗闇《くらやみ》の底でうごめいていたのである。日中でさえ、氷雨《ひさめ》の降ることが多い。こんな暗澹《あんたん》の中でこそ社交が必要なのに、ラマヌジャンは在英インド人とのつき合いからさえ、少しずつ身を引くようになっていった。

ラマヌジャンはますます研究に明け暮れるようになる。一九一五年だけで九篇もの論文を発表する。純情な彼は、自分を招聘《しょうへい》してくれたハーディ先生の期待に応《こた》えんと、三十時間休まずに研究しては、二十時間眠り続ける、という不規則な生活にのめって行く。それに比例して、手抜き料理も増え、御飯にレモン汁と塩をかけるだけで夕食を終えたりする。新鮮な野菜も戦争の激化で手に入りにくくなった。今なら何軒でもあるインド料理店も、当時のケンブリッジには一軒もなかった。

渡英後三年ほどして、ついに病魔に襲われる。原因が分らないまま、胃潰瘍《いかいよう》、敗血症、癌《がん》、結核など、様々な病名をつけられ、その後二年間ほど病院やサナトリウムを転々とする。結核の疑いが濃厚だったが、栄養をとれという医師の指示に抵抗し、相変らず菜食にこだわり続ける。この間、十名ほどの医師にかかったが、忠告に一切従わないため、次々に見放されたとも言える。

この頃、マトロックのサナトリウムを訪れた、友人のインド人技師ラマリンガムは、別人のようにやせ細ったラマヌジャンに驚く。一泊してラマヌジャンをつぶさに観察した彼は、食生活のひどさにあきれる。菜食主義のせいばかりでなく、料理人は最低だったし、患者は我儘《わがまま》だった。サナトリウムで出されるおかゆ、オートミール、クリーム、トマトにさえまずいと手をつけず、インドから送られたカレー味のピクルスをかじっていた。インド食品が切れると、ほとんどパンとミルクだけの日々が続いたらしい。ラマリンガムは帰宅後、ラマヌジャンに何種類ものインド食品やチーズを送るとともに、「味覚を殺すか、自らを殺すかだ」と警告している。と同時にハーディ宛《あ》てに、「このままでは彼は死んでしまいます。インド人のコックを一人、陸軍から調達し、ラマヌジャンにつけるよう手配していただきたい」と、数十ページにおよぶ懇願の手紙を送ったのである。

周囲の人々は、インドへ帰すことも考えたが、一九一七年二月から始まったドイツの無制限潜水艦作戦により、客船や貨物船までがUボートの標的となったから、航海は危険が大き過ぎたし、インドに帰っても医者は戦争にかり出され払底《ふってい》していた。

数あるストレスの中でも、ジャーナキからの便りがぷつんと途切れたのは、何にもまして大きな心労となった。インドにおける母親と息子の密着ぶりはよく言われるが、ラマヌジャンの場合は特にその傾向が強かった。やっと生まれた長男であるうえ、その後に生まれた男児と女児がともに三ケ月で死亡したこともあり、度を越した溺愛《できあい》ぶりだったのである。小学校に入ってからも、毎日ラマヌジャンの髪をすき、時にはそこに花飾りをつけてやり、ドーティをはかせ、ナーマムを額につけ、学校まで連れて行ったのである。

マドラスに住んでいた頃、母親は嫉妬《しっと》から、若妻ジャーナキを毎夜、自分の隣りで寝かせていた。クンバコナムに用事で戻る時は、必ずラマヌジャンの祖母に自分の役を頼んでから旅立つほどだった。ケンブリッジでの滞在が、二年の予定より長びきそうになった頃、ジャーナキを呼び寄せたいというラマヌジャンの申し出を、一言の下に突っぱねたのも母親のコーマラタンマルだった。そればかりではない。ラマヌジャンからジャーナキへの手紙やその返信は、なんとコーマラタンマルの手でことごとく握りつぶされていたのである。ジャーナキの方は、こっそり手紙を出そうにも、その切手代すらなかった。

ジャーナキは若さによる無知をコーマラタンマルになじられ、結婚時のダウリーの少なさをなじられた。口を一切きいてくれない日々もあった。テレビ映画「おしん」は、インドで大好評だったが、ジャーナキはおしんになれず、ついに家を出てしまったのである。

ケンブリッジに渡った頃は、月に二通もあった家族からの手紙が、三年たった頃にはほとんど途絶えていた。ジャーナキをめぐって、息子と母親との間に、いさかいが始まっていた。ジャーナキの居場所はもちろん消息さえ知らされず、消沈していたラマヌジャンに、母親は、「帰国するまでジャーナキをインドのどこか秘密の場所に住まわせたうえ、しげく手紙のやりとりをしている」と言って非難していたのである。ラマヌジャンにとっては心外であったが、その結果、両親をはじめ兄弟からも手紙が来なくなったのである。家族に見捨てられた、との思いはラマヌジャンを孤独の奈落《ならく》に突き落とした。

この精神的不調に、イギリスにおける最も近い友人ハーディが、まったく気付いていなかった。他人のプライバシーに触れようとしない、イギリス紳士の習性が、裏目に出ていた。毎日会っているのにハーディは、プライバシーどころか、信じられぬことに、数学以外のことをラマヌジャンとほとんど何も話し合っていないのである。

次々に産み出す新定理の動機や発見方法についてさえ、尋ねていない。これについてはハーディも後ろめたいのか、ハーヴァードでの講演において多少の言い訳をしている。「毎朝半ダースの定理を見せられたら、他の話などとてもできるわけがない」。それにしても、それを聞きそこなったのは、よくある数学者の無邪気と片付けられない。ハーディの重大過失とさえ私には思えるのである。

いずれにせよハーディは、ラマヌジャンが心の奥底を打ち明けたくなるような、機微の分る人ではなかった。二人の間には、深い意味での情緒の疎通《そつう》はなかったのである。

さらにハーディは多忙を極めていた。この頃、反戦運動を展開したバートランド・ラッセルに対し、講義資格剝奪《はくだつ》をトリニティが決定する、というラッセル事件が起きた。正義感の強いハーディは、精力的に当局を糾弾していたのである。トリニティは、戦争のおかげで、とげとげしい雰囲気に包まれていた。

ラマヌジャンの精神不調に、遅ればせながら気付いたハーディは、インド省にその旨《むね》を伝えるとともに、気分改善のため、トリニティのフェローに彼を推薦する。悪いことは続くもので、ハーディの努力も空《むな》しく、ラマヌジャンはトリニティのフェローを却下される。庇護者《ひごしゃ》のハーディが当局を糾弾中なのだから、所詮《しょせん》は無理筋だったのだが、ひそかに期待していたラマヌジャンの失望落胆は大きかった。

病気で思うように研究もはかどらない。自分の人生を敗北と決めつけた彼は、ロンドンの地下鉄で発作的に自殺を図るが、電車があと数十センチの所で奇跡的に急停車し、未遂に終る。

しばらくして療養所のラマヌジャンに、ロンドンからの電報が届く。王立協会フェロー（FRS）に選出されたのである。大変に名誉あるもので、ノーベル賞級と認知されたことを意味する。ラマヌジャンの心身両面での落ち込み様にあわてたハーディが、会長で電子の発見者として有名なトムソン博士に、直訴状を送るなど奔走した結果であった。以前手紙を送り返したホブソン、ベイカーの両教授も、推薦者として署名しているのは興味深い。

少し元気を取り戻したラマヌジャンは、分割数に関する合同式や、ロジャース・ラマヌジャン恒等式を発表した。トムソン博士が寮長となったトリニティも、ラマヌジャンをフェローに選び、毎年二百五十ポンドずつ六年間にわたって支給することを決定した。その間、いかなる義務も課さないという、破格のものだった。

この頃、ロンドン南西のプットニーで療養中のラマヌジャンを、ハーディが見舞いに訪れた。その日は一日中ぐずついた天気だった。顔を合わせるなりハーディが、「天気がひどいうえ、タクシーの番号も一七二九というつまらぬものだった」と冗談のつもりで言った。とラマヌジャンが間髪を入れず言った。「とても面白い数字ですよ。三乗の和として二通りに書き表せる数のうち、最小のものです」。$1729=1^3+12^3$, $1729=9^3+10^3$と確かに二通りに書ける。このようなもののうち、最も小さいのが一七二九と言うのである。クンバコナムで少年時代に、せっせと石板で計算した結果を、ちゃんと覚えていたのである。

健康回復は、はかばかしくなかった。大戦の終るのを待って、一九一九年三月、九五年の渡英にきりをつけ、ナゴヤ号で帰国の途についたのである。

マドラスの人々は、すっかりやつれた彼を、南インドの栄光と大歓迎した。ヨーロッパの叡知《えいち》にアジアの直観で挑んだ凱旋《がいせん》将軍だった。何から何まで純粋無垢《むく》の南インド人であるだけに、人々は熱狂的だった。一日だけでもこの知的英雄を見ようと、行列ができた。無料診療を申し出る医師から、家賃なしで家を提供するという者までいた。マドラス大学は教授就任を要請した。

ラマヌジャンは反対する母親を押し切り、実家に戻っていたジャーナキを呼び寄せる。十九歳に成長した妻に、イギリスの思い出話を語ってやったり、一緒にイギリスに来ていればこんな病気にならなかったのに、などと初めて夫婦らしい会話をもつ。それまでの誤解を解くと同時に、母親との確執をつぶさに知る。

彼の愛を受けたジャーナキは、献身的に看病する一方、それまでとは一変して、母親に口答えするようになる。重病の枕元《まくらもと》でくり返される口論ほどつらいことはなかった。診察中に口論が始まった時などは、医師もあきれて苦言を呈することもあった。ある医師は「嫁 姑《よめしゅうとめ》のいさかいさえなければ必ず病気は治るのに」とまで日記に書いている。「インドに帰らなければよかった」とラマヌジャンが友人に洩《も》らしたことさえあった。

この頃、インドでは反英運動が燃え盛っていた。北部のアムリッツァルでは国民会議派の反英抗議集会にイギリス軍が発砲し、千数百名の死傷者がでた。事件を知ったタゴールは爵位《しゃくい》を、ガンディーは勲章をイギリスへ返上した。

南インドで転地療養をくり返し、各地で最高の医師に診てもらうが、ラマヌジャンの病状は悪化するばかりだった。気分がすぐれないため、床に横たわったまま怒鳴ったり、家中にものを投げ散らしたりした。見舞に訪れたクンバコナム時代からの友人達は、異口同音に、「ラマヌジャンではない」と言った。人なつこく冗談を連発していた彼はすっかり消えていたのである。

この中でも、彼は最後の輝きを見せ、ラマヌジャン最大の傑作と呼ぶ人もいる、擬テータ関数を発見し、六百をこえる公式を見出す。ジャーナキは彼に温湿布を与えるかたわら、数式だらけの紙を集めて大箱にしまう。

ラマヌジャンの病勢は衰えず、ついに帰国して一年たった一九二〇年四月二十六日、三十二歳で世を去る。死の四日前まで石板をカリカリしていた。遺体は規則通り、二十四時間以内に火葬され、灰は市内を蛇行してベンガル湾に流れ込む、クーム河に流された。葬式の出席者は、家族を含め十人足らずだった。禊《みそぎ》のため、ラーメシュワラ寺院へ行く予定になっていたが、その余裕もないまま死んだため、穢《けが》れたままだったのである。病名はついにはっきりしなかったが、最近ではビタミン欠乏症やA型肝炎が疑われている。

大箱の書類は、数人の数学者の手を経て、トリニティ・コレッジのレン・ライブラリーに保管されてあった。ウィッタッカーとかランキンなど、分野の近い有力数学者がそれを見ていたが、何のことだか分らず、とりあえずトリニティに寄付したのだった。

一九七六年になって、ペンシルバニア州立大学のアンドルース教授が、それを偶然に探り当てる。擬テータ関数を専門とする彼は、直ちにその重要性を確認し、この桁外《けたはず》れの宝物に身震いする。ノートブックの証明はやっと完成したが、ベートーベンの第十交響曲にもたとえられる、この「失われたノートブック」の解明は、未《いま》だ完成していない。「失われたノートブック」の名称は、アンドルースが付けたものだが、イギリスのランキンは、自分が見逃した悔しさもあってか、失われていた訳ではないし、ノートブックになっていた訳でもない、と注文をつけている。現在これの写真コピーがそのまま一冊の本となっている。

ヘッケ作用素の固有値に関する、彼の魔術師的予想は、日本人数学者の業績の上に立って一九七三年になりやっと、ドゥリーニュにより解決され、今世紀最大の数学的偉業の一つとされた。また、いかなる応用も見込まれなかった、分割数やモジュラー形式に関する彼の美しい公式は、今や素粒子論や宇宙論にまで影響を及ぼし始めている。コンピュータで円周率を計算する際にも用いられている。

プリンストンの理論物理学者ダイソンは、最近こう言っている。「ラマヌジャンを研究することが重要となってきた。彼の公式は美しいだけでなく、実質と深さをも備えていることが、分ってきたからだ」

数学史をひもとく時、美しい数学ほど、後になって高い応用価値をもつように見えるのは不思議なことである。応用を一顧だにせず創造された点では同じでも、人為的で醜い数学は、鑑賞に耐えぬばかりか、有用性にも欠けるため、時代とともに消えてしまったりする。人間をも含めた広義の宇宙が、神により美しく調和ある姿に構成されているためかも知れない。あるいは、人間が美しいと感ずるものは、人間の知性に最も適合するものであり、従って道具としても利用しやすいのかも知れない。数学の世界では、定理や公式などに見られるよう、しばしば単純が複雑を規制する時に美しいと感ずる。従っていったん実世界との対応がついた時には、必然的に美しいものほど利用価値が高くなる、ということかも知れない。

いずれにせよ、ラマヌジャンの数学に関して、少しずつ実世界との対応が明らかになってきたということである。対応さえつけば、数学における意外性が実世界における意外性に置き換えられ、驚くべき宇宙の秘密に迫ることが期待されるのである。

＊

マドラスに戻った私は、再びラマヌジャン高等数学研究所にランガチャリ教授を訪れた。ラマヌジャンに詳しい彼は、机に向かって私を待っていた。

彼は旅で何を見たか、どう思ったか、私にいろいろ尋ねた。肉体的には疲労したが、ラマヌジャンを産んだヒンドゥーの土壌に触れて満足している、と言ったらミスター・ヒンドゥーを自任しているのか、とてもうれしそうな顔をした。

彼にどうしても聞きたいことが私にもあった。ラマヌジャンの独創の源泉に関するランガチャリ教授の見解である。ラマヌジャンとは同一宗派、同一カースト、同一職業の人だから、何か興味あることが聞けるかも知れない、と考えたのである。

普段なら打てば響くように応答する彼が、しばらく間を置いてから、

「チャンティング（詠唱）が独創の一因と思う」

と言った。詠唱とは詩文などに単調なメロディーをつけて唱えることである。ヒンドゥー寺院を訪れると、小声で歌うように祈禱文《きとうぶん》を詠唱している人をよく見かけるが、独創との関係が私にはよく分らない。

狐《きつね》に鼻をつままれた思いで彼の顔を覗《のぞ》きこむと、

「インドでは古代より、数学と文学は混淆《こんこう》していました」

と言う。十二世紀に南インドで生まれた、天才バースカラの著した数学書『リーラーヴァティ』は、占星術師に「結婚してはならない」と言われた娘リーラーヴァティを、慰めるために書いたものだが、韻を踏んだ詩なのである。その中の問題にはこんなものもある。

「ミツバチの群が遊んでおりました
　その半分の平方根のハチ達は
　ジャスミンの草原へ飛び去って
　あとに残ったのは全体の $\frac{8}{9}$
　さらには夜の帷《とばり》の下りた後

ハスの花の甘い香りに誘われて
そのまま中に閉ざされて
うなり続ける雄バチ一匹
心配のあまり眠られず
回りを飛ぶは雌バチ一匹
ミツバチは全部で何匹いるのでしょう」

答は七十二匹である。この西洋にも影響を与えた数学書は、今ではサンスクリット文学の古典として読まれている。

ランガチャリ教授は、独創との関連をなお把握できないでいる私には構わず続ける。

「インドでは長い間、教科書でさえすべて詩文で書かれていたのです」

「国語と数学の教科書がですか」

「違います。理科も社会もです。子ども達はそれを詠唱により頭に入れたのです」

「ヴェーダやマハーバーラタ、ラーマーヤナのような古典が広く詠唱されているとは聞きましたが、例えば理科の詠唱とはどんなものなのでしょうか」

ランガチャリ教授は研究室の書架から一冊の本を取り出した。

「これは詠唱用として作られた小学生向きの理科の教科書です。最近のインドで詠唱があまりされなくなったのは、大変に嘆かわしいことです。これを復活させようと私は、教師達に働きかけるなど努力しています」

「どこか少しだけ詠唱していただけませんか」

教授は無表情にうなずくと、本の中程を開き、やおらよく通る声で詠じ始めた。

「地球は太陽のまわりを
三百六十五日でぐるり
月は地球のまわりを
二十九日でぐるり
……」

実に気持ちよさそうだった。

「独創との関連について述べてみましょう。まず、詠唱により大量の知識を確実に蓄えることができます」

日本人の釣銭勘定の速さと正確さは有名である。暗算のうまい理由の一つは、奈良時代より日本人が九九という詠唱を持っていたせいである。欧米にはこれがないから、かけ算を一つずつ別個に覚えなくてはならず、一度覚えても忘れやすい。インドでは今でも二十かける二十まで詠唱で覚えさせる学校が多い。四百通りのかけ算を覚えるということになるから、日本の八十一通りに比べ約五倍である。詠唱の威力である。ヴェーダ等の古典を何千ページも覚えられるのも、このためであろう。

「次に一つ一つの知識が孤立した点でなく、広がりを持って記憶されるということです」

例えば地理で次の詠唱をする。

「祖国インドの北部には
氷河の山脈二つあり
カラコルムより西へ流るるインダス河
パンジャブを経てアラビア海
ヒマラヤより東へ流るるガンジス河
デリーを経てベンガル湾」

これで得られるのはいくつかの基礎知識ばかりではない。孤立点としての知識は結ばれ、広がっており、大規模な鳥瞰《ちょうかん》さえ与えている。ガンジス河口で糸をたれる釣り人は、ヒマラヤの氷河に思いを馳《は》せることさえできるのである。一見無関係なもの同士を結ぶ糸を発見するのが独創なら、鳥瞰図つきの知識はきわめて有用のはずである。

ランガチャリ教授はさらに続ける。

「折にふれ口ずさむことは、得られた知識や概念をもてあそぶということです」

日本の誇る数学者の小平邦彦《くにひこ》氏は、幼い頃マッチ棒をこたつでもてあそんでいて、辺の長さが（三、四、五）や（五、十二、十三）だと直角三角形となることを、自ら見出《みいだ》したという。大数学者と呼ばれる人の中には、幼少時に数をもてあそびながら、何らかの性質を見出した人も多い。ハーディがラマヌジャンを見舞う時に乗ったタクシーの番号も、その例である。

数学上のひらめきは、頭の中やノート上で対象をもてあそんでいるうちに得られることが多い。孤立した知識に比べ、連想的に結びついた知識は、引き出してもてあそびやすいうえ、詠唱することはそのままもてあそぶことになるとも言えよう。私はランガチャリ教授が、言葉少なながら、心理学上の本質的な問題を提起しているように感じた。

彼と連れだって、マトロックのサナトリウムにラマヌジャンを見舞い、ハーディに病状報告をしたラマリンガム氏の家を訪れた。ラマリンガム氏は亡《な》くなられており、六十歳前後と見える末娘、レディ夫人およびラマヌジャン研究家のレディ氏とお会いできた。彼女は父親から、偉大なる友のことを何度か聞かされていた。私が「ラマヌジャンは天才というより、どこかの天空から降りてきたような人間だ」と言ったら、教授と一緒に大きくうなずいていた。

紅茶が出されたが、隣りのランガチャリ教授だけには、銀のタンブラーに入ったミルクが出された。教授はタンブラーを口の上十センチまで持ち上げると、いきなりそれを傾けた。ミルクは糸を引いて口の中に流れ込んだ。一滴もこぼれなかった。バラモンの中でも最も戒律の厳しい正統派バラモンは、本来他カーストとの共飲は許されないが、銀食器に入ったミルクだけは、口を食器につけない限り許されるらしい。ポカンと見ている私に、教授は得意気な微笑を浮かべながら、「ラマヌジャンもこうして飲んだはずだ」と言った。彼の戒律順守は厳格で、水は自分の家の井戸水しか飲まないし、調理には炭しか用いないのである。

ふと、レディ氏はバラモンではないはず、と思いこっそり尋ねると、シュードラだった。彼は心からバラモンを尊敬している。バラモンは優秀なうえ、人間として立派な徳を備えている、と語った。

翌夕、私は再びレディ氏宅での小さなパーティーに招かれた。マドラス実業界の名士達が何人か招かれていた。正統派バラモンは一人もいないはずである。インドのパーティーは、ほとんど常に立食となる。菜食主義者やそうでない人が混じるため、どちらにも対応できるよう、幾種類もの料理を大テーブルに盛っておくのである。

日本にもよく商用で来るという、抜け目なさそうな若手実業家と話が始まった。ラマヌジャンが証明を書かなかった理由について尋ねると、彼は声をひそめてこう言った。

「バラモンというのは、物事をわざと分りにくく言ったり書いたりするのが好きなのさ。自分を偉く見せるためにね」

横で会話を聞いていたレディ氏が、しばらくして私を、離れた所にある椅子《いす》に誘った。彼は義父の友人ということから、ラマヌジャン研究に入り、私にも大量の関連資料を送ってきている。坐《すわ》るなり彼は、若い実業家の主張を否定した。

「あの実業家は何も分っていません。証明を書かなかった理由については、ランガチャリ教授の説が正しいと思います。すなわち、インド数学の伝統なのです。インドでは、ギリシアのピタゴラスより前に、ピタゴラスの定理が使われていましたし、$\sqrt{2}$が無理数であることや円周率についても、西洋より早くから知られていました。ニュートンやライプニッツ以前に、極限の概念も持っていました。ただ発見者は、それらの発見を神のお告げということで、自分の名や発見日時さえ記録しなかったし、証明も記さなかったのです。結果だけを、神への讃歌《さんか》として韻詩で記したのです。ラマヌジャンは、数学の書き表し方だけでなく、直観をも含めて驚くほど伝統的なのです」

私はレディ氏の熱弁に耳を傾けながら、なぜか安堵《あんど》を感じていた。

翌日、ジャーナキの住居を訪れた。元気でいてくれればと思って日本を出たが、半年ほど前に九十四歳で亡くなっており残念だった。家には彼女の養子とその娘がいた。ラマヌジャンの死後三十年もたった頃、ジャーナキは両親を亡くしたナラヤナン少年を、家にひきとったのである。ジャーナキは二十歳で夫を失った後、わずかな年金のもと、長い間、お針子として日銭をかせぎつつ貧しい生活を送っていた。ラマヌジャンを崇拝するチャンドラセカール博士が、一九六一年にネルー首相に直接かけあい、年金が五倍に増額されたため、それ以降は普通の暮らしができるようになったらしい。そして亡夫と訪英前に暮らしていた家から、ほんの二軒先に住居を構えたのである。

初老となったナラヤナン氏が部屋を案内してくれた。四角い顔に眼鏡をかけ生真面目《きまじめ》そうな彼は、銀行勤めをしながらずっと、義母の面倒を見てきたのである。

やっと登れるほど狭い急階段を上に出ると、そこがジャーナキの部屋だった。壁にはヒンドゥーの神々と並んで、ラマヌジャンの例の写真が掲げてあった。部屋のコーナーに、各国の数学者の寄付で十年ほど前に作られた、ラマヌジャンの黒いブロンズ胸像が、台座に据えられていた。ジャーナキがかけた、白と金の二本の太い首飾りが、鮮やかだった。ジャーナキはこの胸像がすこぶる気に入り、出来てからはあたかも夫がそこに立っているかのように、話しかけたりしていた、とナラヤナン氏が言った。台所には、古びた二つの真鍮《しんちゆう》容器があった。ジャーナキはこれで湯をわかし、脚や胸の痛みを訴える夫に、温湿布をしたという。思い出の品として、後生大事にとっておいたものである。

この容器を見ていると、つい先程までジャーナキがここで暮らしていたようで、ラマヌジャンが息詰まるほど接近したように感じた。

午後遅く、ハーリントン通りにある終焉《しゅうえん》の家へ行った。大実業家ラマチャンドラ氏の所有する、千坪ほどの庭をもつ館《やかた》だった。夫人が内部を案内してくれたが、建坪二百坪をこす二階建て館の内部は、手入れが行き届き小ぎれいだった。館の並びに小さな寺院、庭の隅には召使い一家の住む家が二軒あった。ここの家主は、かつてこの一帯に数万坪の土地を所有していたという。氏が家のないラマヌジャンに同情し、一階の一部を提供したのだった。ここでラマヌジャンは瀕死《ひんし》の身体《からだ》に鞭打《むちう》ち、あの擬テータ関数と幾多の美しい公式を生み出したのである。

ラマヌジャン関係の写真を私に譲ってくれた、マドラスのジャーナリスト、ランガスワミ氏は、ジャーナキをインタビューしたことがある。耳は遠くなったものの、元気な大声で思い出話をしていたが、この家の写真を見せたところ、八十歳を越す気丈な老婆《ろうば》が、突然泣き崩れたそうである。

ラマヌジャンのいた部屋は、玄関ホールから階段脇《わき》をくぐった先にあった。鉄格子《てつごうし》入りの小さな窓が二つあるだけの、十畳ほどのやや陰鬱《いんうつ》な部屋が二つ並んでいる。窓には青塗りの内扉がカーテン代りについている。長い間使用されていないのだろう、ラマヌジャンのマットレスが敷かれた石の床には、所々に窪《くぼ》みができ、そこに砂がたまっている。石壁には至る所に大きなしみがついている。

私はひんやりした部屋に立ちこめる重い空気から逃げるように、鉄格子越しの裏庭に目をやった。

この時ふと、ラマヌジャンを悲劇の人と思った。この地上にはどこにも彼の居場所がなかったのだ。インドでは貧困に追われ、イギリス人が騒ぎだすまで正当な評価をされず、戒律を破ってまでして訪れたイギリスでは、人にも土地にもどうしてもなじめず、ついには不治の病いにまでとりつかれた。夢にまで見た故国インドに戻ってみると、以前には感じなかった不合理や不衛生が、いたたまれないほど神経を逆撫《さかな》でする。それに加えて衰弱する一方の肉体、最愛の二人の果てしない罵《のの》り合い。

たまらぬ思いでドアを開けると、そこに小さな中庭があった。見上げると四角に縁どられた夕方の空がのぞいていた。ラマヌジャンはここを通り、まっすぐに天空を駆け上がったのだと思った。

目を凝らすと、四角い空の中央に、オリオン座がまたたいていた。ラマヌジャンは、ようやく居場所を見つけたのだろう。私がじっと星を見上げていると、ラマチャンドラ夫人が、「さあ庭のヒンドゥー寺院でお祈りしましょう」と言った。

あとがき

数学上の業績を通して、以前から憧《あこが》れていた三人の天才数学者がいる。イギリスのニュートン、アイルランドのハミルトン、インドのラマヌジャンである。

どの一人も私にとって神様のような存在だったが、いつの頃からか、どんな天才でも神様であるはずはない、と思うようになった。若さを失った頃からだったかも知れない。と同時に、人間であるならどんな人間だったのか、きらびやかな衣の下に隠れた生身の人間を知りたくなった。

数学史の本を何冊か読んだが、業績紹介に重点が置かれていて、人間像は浮かばなかった。伝記にも目を通したが、それらは詳細な履歴書のようなものであったり、腑《ふ》に落ちない憶測が多かったりで、しっくりこなかった。

自ら現地に足を運ぶことにした。いくら輝かしい天才であろうと、生まれ育った風土の影響下にあるはず、と考えたからである。ここで言う風土とは、自然、歴史、民族、文化、風俗などである。

こうして調べて行くうちに、天才の人間性ばかりか数学までが、そういったものの産物であることが分った。そんな天才がその時そこに生まれたのが、全くの偶然でなく、当然あるいは必然とさえ思えるほどになった。学問を除けば、我々と同じように、恋をし、失恋を嘆き悲しみ、他人を嫉妬《しっと》し恨んだり、抜け目なく行動したりする人間であることも確かめた。そして我々と同等、いやそれ以上に人間臭い人間であることも分った。

そこで書いたのが本書である。何もかも予想通りだったわけではない。最も意外だったのは三者とも、二人はキリスト教徒、一人はヒンドゥー教徒として、神を深く信仰していたことである。そしてその信仰が、彼等の稀有《けう》の力の源泉となっていたことである。最も論理的な数学が、最も非論理的な神に依拠していた、というのも興味深かった。

さらに意外だったのは、三者ともある意味で悲劇的な生涯を送ったことである。栄光との落差は偶然なのか、あるいはこれまた大天才ゆえの必然なのだろうか。書く前に目論《もくろ》んでいたわけではないが、この三人がイギリスを中心とした、宗主国と植民地の糸で結ばれていたのは面白かった。

数学とは直接関係のない著作をいくつか手がけた私だが、今回ほど数学者であるということを意識下に感じた仕事はこれまでになかった。特に取材旅行ではそうだった。夢に見た英雄の懐《ふところ》に少しでも入りたい、同じ空気を吸い同じ光を浴び同じ道を歩いてみたい、との思いにかり立てられながら、彼等の匂《にお》いのするものを片端から訪ね歩いたのだった。

英国グランサムの、中学校の漆喰《しっくい》壁に見つけた幼なさの残る落書きの前で、ダブリンの小さな運河にかかる古びた石橋の下で、南インドのむさ苦しい居間の中で、胸を高鳴らせたり熱くした旅だった。力量に雲泥《うんでい》の差こそあれ、同じ数学に身を置く者として、同志愛の如《ごと》きものを感じていたような気がする。これまでの伝記作家や数学史家に比べて、天才達をより接近した視座から見ることができたとしたら、そのためである。

本書を書き上げるうえで、日本語や英語で書かれた多くの文献のお世話になった。数学史、歴史、文学、エッセイ……の一つ一つの書物や論文、そして情報提供をしてくれた方々にお礼を申し上げたい。

最後に、本書のテーマを私に初めてもちかけ、取材協力までして下さった全日空の廣木克有氏に感謝を申し上げたい。彼なくしてこの書は世に出なかったと思う。また多くの助言と励まし、それに力強いプレッシャーを与えて下さった新潮社の松家仁之氏にも謝意を表したい。彼なくしてこの書が世に出るのは数年先だったろう。またインド取材について来てくれた妻にも感謝を述べたい。彼女なくして、私はインドの涯《はて》でコレラかエイズかデング熱により、多くの人に惜しまれつつ短かくない生涯を閉じていたかも知れない。

一九九七年九月

藤原正彦

流れる星の下で

安野光雅

わたしはリンゴが落ちてくるところを見たことがある。あれはイギリスのコッツウオールズ地方、ビーブリイという村のホテルでのこと、そこはもと領主の館《やかた》だったために、前庭は見渡す限りの芝生、裏庭はリンゴや薔薇《ばら》の花壇で、庭の外れには、幅四メートルほどの清冽《せいれつ》な流れがあった。早朝はその川から霧が出て、甘い花の香りを含んだまま、その館を包み込むのだった。

霧の中を散歩していたとき、一条の軌跡を残してリンゴが落ち、わずかにバウンドして傍らの雑草の中に身を隠したのである。わたしは、見てはならぬものを見たときのような、かすかな胸騒ぎを感じた。やがて落ち着いて、リンゴもまたバウンドするものであることをしかるべき学会に報告したいという気になっていた。

そのせいではないが、ウールズソープにも行った。生家はすぐにわかった。記念館になっていたが、訪れる人も少ないらしく、閉まっていた。記念にそのあたりをスケッチしようと椅子《いす》を広げていたら、二頭の馬を曳《ひ》いた娘さんが帰ってきて、目の前をさえぎったまま近所の人と話すうち、馬が大放尿をはじめ、飛沫《しぶき》が風下をおびやかすほどになったので、急いで立ち上がり、ニュートンが教師をしていたというキングスクールへ向かった。

藤原さん（以下藤原正彦）によれば「この村に帰省していたこの期間に、二十代前半の青年ニュートンは、何と微積分法、光と色に関する理論、万有引力の法則という、三つの大理論の端緒を発見した」「数学的裏付けを与えることで理論の確実さを高める、というのはニュートンの創始した方法であった。芸術や魔術の一種と考えられていた数学が、科学に役立つことを示したのである」……と、ある。それに続く「信心深いニュートンにとって、自然は数学の言葉で書かれた聖書であった」という一行は、まさに藤原正彦の感覚がとらえた言葉だと思った。この評伝がただの偉人伝と違って、数学の門外漢にも読まれ、いつも彼の本が待たれるのは、そのような感性の言葉にふれたいからであろう。

藤原正彦は、ここにでてくる天才たちの業績を述べてはいるが、言いたかったのはその業績だけではあるまい。業績は「結果」である。その業績を生んだ「原因」の中に迷いこみたかったのだと思われる。

そうなると、大天才の生い立ちにはじまり時代背景と同時代の人々、世界、空気、風景、等々のなかに自分を置いてみる。一口にいうと、その足跡に、自分の足を重ねて、その人生に触れなければならなくなる。

人生となれば、彼等の恋をもさけて通れまい。おお、その恋に思い到《いた》れば、天才とわれわれ凡人が、同じテーブルにつくことができるではないか。


わたしの場合、スケッチをするなら、ウールズソープへ行って見ようという程度の、ただの聖地巡礼だった。

藤原正彦の場合も巡礼にはちがいあるまい。でも絵描きの好奇心とは違う。彼はニュートンの座ったところに自分も座り、リンゴの雨にうたれてある種の戦慄《せんりつ》を得たかったにちがいない。

たとえば、四元数を発見した記念すべき場所に、ハミルトン自身がその公式を刻んでいると聞いて、ブルーム橋へ向かい、「田園を貫く運河にかかる小さな石橋」を探り当てるが、無理もない、その歴史的発見の現場につくや、彼は興奮して走りはじめる、そして橋の下にもぐりこみ、壁にはめこまれた碑文の前に身を置くのだ。

「ここにて、一八四三年十月十六日、ウィリアム・ハミルトンは、天才の閃《ひらめ》きにより、四元数の基本式を発見し、それをこの橋に刻んだ（以下略）」

わたしにはその基本式の意味するところはわからないが、藤原正彦にはそれが、胸の奥まで伝わってくる。彼は橋の下の一本道を歩いた。そこにはハミルトンの足跡があったはずなのだ、それは「歓喜とともに、涙をも滲《にじ》ませた一本道であると思った。栄光と悲劇の一本道は、ハミルトンが通り、アイルランドが通った一本道であった」

わたしもアイルランドに行ったことがある。ハミルトンは知らなかったが、わたしも、かの国の栄光と悲劇を思わずにはいられなかった。

ラマヌジャンの場合も、藤原正彦はその影を訪ねていく。わたしはインドを知らないが、伝聞するところでは、とても美しいとはいえない環境だという。今は違うが、当時は、世界の数学界から全く隔絶した場所であった。なにしろ彼は独学である。ゴマンと定理を発見していながら、それを証明して提示しなければならぬという学会のルールさえ知らない。

浪花《なにわ》の裏長屋で、将棋を覚え、東京の正統的な将棋界の名人と対決する坂田三吉のことを思い出す。あるいは赤貧を洗いながら作曲した武満徹のことや、自殺したゴッホのこと、馬鹿《ばか》にされつづけたアンリ・ルソーや、必ずしも優遇はされなかった牧野富太郎のことも思い出す。

ラマヌジャンと同時には語れないが、独りで学んで世界を驚かせた点では同じである。このごろ独学という言葉は、「高校へ行かないで独学で大学入試の資格をとる」というような意味を持って使われているが、わたしの考えでは、独学とは、大学に学ぶためでもなく、大学に学ばぬことでもない、大学は無論行くほうがいい、しかし、たとえ大学へ進んでも独学でなければだめだということなのだ。

藤原正彦はふと、ラマヌジャンの発見した公式の美しさに思い到る。

「純粋数学というのは、種々の学問のうちでも、最も美意識を必要とするものと思う。実社会や自然界からかけ離れているため、研究の動機、方向、対象などを決めるガイドラインが、美的感覚以外にないからである。論理的思考も、証明を組み立てる段階で必要となるが、要所では美感や調和感が主役である。この感覚の乏しい人は、いくら頭がよくとも数学者には不向きである」

という。

あ、やはりそうなのかと思ったとき、数学は暗記ではなく創《つく》るものだということがわかるだろう。

芸術と数学の関係、例えばアクロポリスの神殿と黄金比、モンドリアンなど構成派の仕事、フィボナッチの数列などを説いた本があるが、藤原正彦が美意識と言っているのは、今述べたような直訳的な意味ではあるまい。

芸術家ならすべて美意識があるというわけではない。科学者がみんな科学的でないのに似ている。人類の知見、つまり大百科事典に記録されたことの総《すべ》てをＣＤ－ＲＯＭに納め、いつでも検索できる時代である。頭の良い人はそのコンピュータに似ている。でも、これまで知られていないことについてはその限りではない。

例えば新しい島の発見は、どんなに精密な地図をにらんでも無駄である。どこかになにかがありそうだと、天啓をあたえてくれるのはなにか、そして、つかみどころのない天啓に食い下がっていく努力は、いまのところ美意識というほかない。

以前、アメリカのクヌースという数学者と話したとき、彼はその美意識のことをミューズと呼んだ。ラマヌジャンにとってはそれが、インドのナーマギリ女神だった。無信仰のわたしでも、未知の世界のあやしい閃きは、ミューズのしわざだと言う方が便利だと思っているが、重ねて聞く人には、病だ、と言っておく。

この病のために、いったいどれだけの人が栄光と挫《ざ》折《せつ》を味わったことだろう。

それでも、野崎昭弘は、かれの著作の後書きに「わたしは、数学者になったことを後悔していません」と書いている。


藤原正彦も、ここに書かれた三人の天才に比べて、壮絶な人生を踏み出していることについてはひけをとらない。ラマヌジャン風に占うなら、彼は生死の境を流れる星のもとを生きたのだ。

一九四五年八月八日、対日宣戦布告と同時にソ連軍が当時の満州国境を越えて侵入した。そのころ新京に暮らしていた（正彦の父上は新京郊外の観象台に勤務していた）藤原家の人たちも、突如日本をめざすほかなくなるが、その凄惨《せいさん》な逃避行は、『流れる星は生きている』という貴重な人間の記録となって残った。ここに謹んで、そのごく一部をかかげる。

見失ったこどもをおかあさんがやっと見つける。「凍死の前」という章である。

「私は正彦を見てぞッとした。パンツをはいてない下半身は紫色になり、唇は黒ずんで私に向ってもう何もいうことが出来なかった。はげしく身ぶるいしている両手から雫《しずく》がぽたりぽたり音をたてていた。

『お母ちゃん、正彦ちゃんが寒いって』

正広は私の顔を見ていった。その正広自身もぶるぶる震えていたが、正彦をこうさせたのが兄としての責任でもあるかのごとく、私にいっているのであった。

正彦はもうすぐ駄目になる瞬間であった」

これは小説ではない。奇跡とも言うべき人間の記録である。わたしは再読して襟をただささずにはおれなかった。

藤原正彦の今とその美意識は、こうした両親（新田次郎・藤原てい）の下に生まれ、小平邦彦を師に持ったことで決定的になるが、アメリカのある心理学者が、「彼は幼少期において、よほどいい教師にめぐりあったのではないか」と述べている。

先日、「グッド・ウィル・ハンティング」という、ラマヌジャンの名の出てくる、映画を見たといって電話をしたら、奥さんが出てきて、「あれは映画会社から頼まれて、彼が解説を書いているんです」と言われた。なにも知らなかったわたしは、もう少しのところで釈迦《しやか》に説法するところだった。

で、インドの話となり、奥さんは「ラマヌジャンの足跡を訪ねる旅について行った。だって、独りで行かせたら生きて帰るかどうかわからないでしょ」というような話になった。その時の奥様の存在は、この本の後書きにわずか二行書かれた謝辞で済ませられる程度のものではないことを、わたしは知っている。

（平成十二年十月、画家）

この作品は、新潮社より平成九年十月に刊行された『心は孤独な数学者』に大幅加筆した。

藤原正彦著　若き数学者のアメリカ

一九七二年の夏、ミシガン大学に研究員として招かれた青年数学者が、自分のすべてをアメリカにぶつけた、躍動感あふれる体験記。

藤原正彦著　数学者の言葉では

苦しいからこそ大きい学問の喜び、父・新田次郎に励まされた文章修業、若き数学者が真摯な情熱とさりげないユーモアで綴る随筆集。

藤原正彦著　数学者の休憩時間

「正しい論理より、正しい情緒が大切」。数学者の気取らない視点で見た世界は、プラスもマイナスも味わい深い。選りすぐりの随筆集。

藤原正彦著　遥かなるケンブリッジ
―一数学者のイギリス―

「一応ノーベル賞はもらっている」こんな学者が闊歩する伝統のケンブリッジで味わった波瀾の日々。感動のドラマティック・エッセイ。

藤原正彦著　父の威厳 数学者の意地

武士の血をひく数学者が、妻、育ち盛りの三人息子との侃々諤々の日常を、冷静かつホットに描ききる。著者本領全開の傑作エッセイ集。

沢木耕太郎著　一瞬の夏（上・下）

非運の天才ボクサーの再起に自らの人生を賭けた男たちのドラマを〝私ノンフィクション〟の手法で描く第一回新田次郎文学賞受賞作。

新田次郎著

強力伝・孤島

直木賞受賞

直木賞受賞の処女作「強力伝」ほか、「八甲田山」「凍傷」「おとし穴」「山犬物語」など、山岳小説に新風を開いた著者の初期の代表作。

新田次郎著

孤高の人（上・下）

ヒマラヤ征服の夢を秘め、日本アルプスの山々をひとり疾風の如く踏破した〝単独行の加藤文太郎〟の劇的な生涯。山岳小説の傑作。

新田次郎著

蒼氷・神々の岩壁

富士山頂の苛烈な自然を背景に、若い気象観測所員達の友情と死を描く「蒼氷」。谷川岳衝立岩に挑む男達を描く「神々の岩壁」など。

新田次郎著

栄光の岩壁（上・下）

凍傷で両足先の大半を失いながら、次々に岩壁に挑戦し、遂に日本人として初めてマッターホルン北壁を征服した竹井岳彦を描く長編。

新田次郎著

八甲田山死の彷徨

全行程を踏破した弘前三十一聯隊と、一九九名の死者を出した青森五聯隊――日露戦争前夜、厳寒の八甲田山中での自然と人間の闘い。

新田次郎著

アルプスの谷　アルプスの村

チューリッヒを出発した汽車は、いよいよ憧れのアイガー、マッターホルンへ……ヨーロッパの自然の美しさを爽やかに綴る紀行文。

新潮文庫最新刊

宮部みゆき著
平成お徒歩《かち》日記
あるときは、赤穂浪士のたどった道。またあるときは箱根越え、お伊勢参りに引廻し、島流し。さあ、ミヤベと一緒にお江戸を歩こう！

群ようこ著
都立桃耳高校
―放課後ハードロック！篇―
山岳部は授業中に飯盒炊さん、先生達は学校で犬を飼い始めた。私はハードロックが聞ければ十分幸せ！　書き下ろし小説完結篇。

唯川恵著
恋人たちの誤算
愛なんか信じない流実子と、愛がなければ生きられない侑里。それぞれの「幸福」を摑むための闘いが始まった――これはあなたの物語。

小林信彦著
結婚恐怖
梅本修・31歳。独身でいるのは女性に縁がないから、ではない。女が怖い、男がわからない、そんなあなたのための〈ホラー・コメディ〉。

ねじめ正一著
青春ぐんぐん書店
「酒田の大火」で焼け落ちた商店街復興のため、東奔西走する本屋の父。悪い仲間や深い友情の中で成長する拓也。北国、人情、青春。

梨木香歩著
裏庭
児童文学ファンタジー大賞受賞
荒れはてた洋館の、秘密の裏庭で声を聞いた――教えよう、君に。そして少女の孤独な魂は、冒険へと旅立った。自分に出会うために。

新潮文庫最新刊

M・H・クラーク
宇佐川晶子訳
月夜に墓地でベルが鳴る
早すぎる埋葬を防ぐために棺に付けられたベル。次にそれを鳴らすのはいったい誰なのか？　悲劇が相次ぐ高齢者用マンションの謎。

フリーマントル
松本剛史訳
英　雄（上・下）
口中を銃で撃たれた惨殺体が、ワシントンで発見された！　国境を超えた捜査官コンビの英雄的活躍を描いた、巨匠の新たな代表作。

J・キューザック他
森田義信訳
ハイ・フィデリティ
―シナリオ・ブック―
音楽オタクで恋愛オンチ。不器用にしか生きられない中古レコード店主を描いた世界的ベストセラーの映画シナリオを完全収録！

S・キング
山田順子訳
デスペレーション（上・下）
ネヴァダ州にある寂れた鉱山町。神に選ばれし少年と悪霊との死闘が、いま始まる……人間の尊厳をテーマに描くキング畢生の大作！

R・バックマン
山田順子訳
レギュレイターズ（上・下）
閑静な住宅街で、SFアニメや西部劇の登場人物が突如住民を襲い始めた！　キング名義『デスペレーション』と対を成す地獄絵巻。

ケン・フォレット
矢野浩三郎訳
自由の地を求めて（上・下）
18世紀後半。スコットランドからロンドンへ逃走したものの、流刑囚として植民地アメリカへ送られた若者の冒険と愛を綴る巨編。

心《こころ》は孤独《こどく》な数学者《すうがくしや》

新潮文庫　ふ - 12 - 6

平成十三年一月一日発行

著者　藤《ふじ》原《わら》正《まさ》彦《ひこ》

発行者　佐藤隆信

発行所　株式会社新潮社

郵便番号　一六二—八七一一
東京都新宿区矢来町七一
電話　編集部(〇三)三二六六—五四四〇
読者係(〇三)三二六六—五一一一

価格はカバーに表示してあります。

乱丁・落丁本は、ご面倒ですが小社読者係宛ご送付ください。送料小社負担にてお取替えいたします。

印刷・錦明印刷株式会社　製本・錦明印刷株式会社

ISBN4-10-124806-0 C0141